U0293346

POUR-OVER

COFFEE

BREWING
PROFESSIONAL
TECHNIQUES

名店手冲咖啡图典

日本23位名店职人亲授42杯招牌咖啡

日本旭屋出版◎编　谭尔玉◎译

河南科学技术出版社
·郑州·

目录

人气新店的手冲技术…039

名店手冲咖啡图典
POUR-OVER COFFEE BREWING PROFESSIONAL TECHNIQUES

萃取器具索引

关于烘焙度的描述

原日版书中关于烘焙度的描述，涉及两种命名标准。

一种为美式8阶段烘焙分级，按照烘焙度从浅到深分别命名为：轻度烘焙（light roast）、肉桂烘焙（cinnamon roast）、中度烘焙（medium roast）、高度烘焙（high roast）、城市烘焙（city roast）、深城市烘焙（full-city roast）、法式烘焙(French roast) 、意式烘焙(Italian roast) 。

另一种为描述性命名，将上述8阶段大致分为浅烘焙、中烘焙、深烘焙3种程度，在其基础上又衍生出极浅烘焙、中度的中烘焙、中深烘焙、极深烘焙等细分命名：

1. 浅烘焙（浅煎り）

美式8阶段烘焙分级中的轻度烘焙、肉桂烘焙属于浅烘焙。

2. 中烘焙（中煎り）

美式8阶段烘焙分级中的中度烘焙、高度烘焙、城市烘焙属于中烘焙。

3. 深烘焙（深煎り）

美式8阶段烘焙分级中的深城市烘焙、法式烘焙、意式烘焙属于深烘焙。

老牌名店的手冲技术

Cafe Bach

HIRO COFFEE 大丸梅田店

炭火烘咖啡 皇啡亭

松屋咖啡本店

SAZA COFFEE 本店

HORIGUCHI COFFEE 千岁船桥站前店

只有咖啡的店 CAFE DE L'AMBRE

Cafe Bach

让客人在家中也能依照自己的喜好轻松享受冲咖啡的乐趣

在创业初期店内采用法兰绒滴滤进行萃取，但是现在却多采用滤纸滴滤。这种转变的由来，是客人希望购买店里的咖啡豆，在家中享受亲自冲泡的乐趣。而最适合家中采用的萃取方式，就是既卫生又方便的滤纸滴滤。Cafe Bach所提倡的就是，让客人依照自己的喜好，通过水温、水柱粗细、闷蒸时间的调整，在家中轻松享受冲咖啡的乐趣 。

总店长 山田康一

巴赫混合咖啡

这款咖啡在制作时力求将咖啡豆的特点完全展现出来。酸味、苦味和香气达成恰到好处的平衡，展现出清澈干净的口感。采取极费功夫的烘焙后混豆（after blend*），完美体现咖啡的本味。

* after blend 是指根据生豆的产地、种类，以及收获和储存状态等，针对单一品种选择最合适的烘焙方式，烘焙后再进行混合。与之相对应的是 premix，即将各种生豆混杂在一起进行烘焙。

冰咖啡

萃取出浓郁的咖啡后，一口气倒在冻得硬邦邦的冰块上使咖啡冷却。这款咖啡香气鲜明，轻啜一口，香气即在口中萦回不散，因此，在炎热的夏季自不必说，就连寒冷的冬季这款饮品也是超有人气。

采用平行式刀盘构造的 ditting KFA1203。不仅十分耐用，而且可以连续使用，这是它最大的特点。

店址：东京都台东区日本堤 1-23-9
电话：03-3875-2669
营业时间：8：30~21：00
休息日：星期五
http://www.bach-kaffee.co.jp

Cafe Bach

滤纸滴滤
巴赫混合咖啡

【产地，处理方式】
❶哥伦比亚SUPREMO
❷新几内亚AA
❸危地马拉SHB
❹巴西　水洗
※每次都要确认咖啡豆的品质和香气，甄选出合适的豆子。
【配比】1：1：1：1（❶：❷：❸：❹）
【烘焙度】深城市烘焙（full-city roast）
※全部采用同样的烘焙度，烘焙后混豆。
【烘豆机】原创烘豆机Meister（和大和铁工所共同开发）

以打造让全家人都开心享用的高适用性咖啡为目标！

购买咖啡豆在家制作咖啡时，根据饮用者的喜好选择冲泡方式，让全家人都开心享用才是最重要的。我认为能达到这个目标的最合适的萃取方式，就是滤纸滴滤。使用温度适当的热水，注水时注意不要让空气混入，像画螺旋般绕圈注水，这就是萃取出美味咖啡的三个基本要点。我建议在此基础上，通过调整水温、水柱粗细和闷蒸时间，萃取出符合个人口味的咖啡。

萃取数据（1人份）

- **豆量：10g**
- **水温：82~83℃**
- **萃取量：约150mL**
- **萃取时间：2min45s**
- **研磨度：中粗研磨**
- **磨豆机：ditting**

- 萃取器具：三洋产业 深过滤层陶瓷滤杯 1~2人份用
- 手冲壶：YUKIWA 不锈钢壶
- 下壶：三洋产业 玻璃下壶 Cafe Bach 原创
- 滤纸：三洋产业 梯形滤纸 1~2人份用

三洋产业 深过滤层陶瓷滤杯
图片前方的是G-101（1~2人份用），后方的是G-102（3~5人份用）。滤杯侧壁的倾斜角度设计，以及侧壁内面的肋骨状沟槽设计，保证了萃取的稳定完成。

三洋产业 玻璃下壶 Cafe Bach 原创
为了让萃取完成后的咖啡可以轻易地倒入杯中，把手部位没有制作成直角形，而是采用比直角角度稍大的约120°的弯角的设计。

1 首先，将梯形滤纸的侧边重合部分认真折叠好。

2 侧边重合部分折好后，接下来向相反方向把底边重合部分也折叠好。

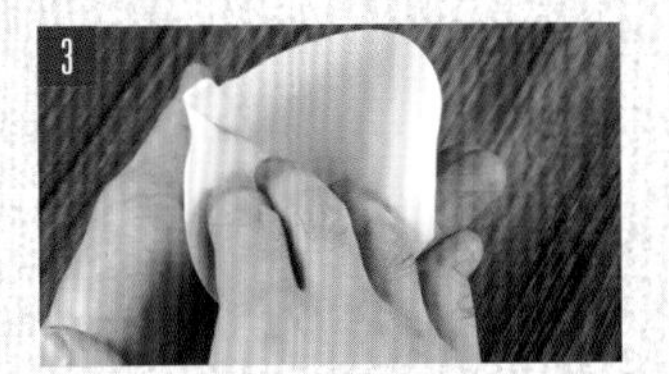

3 侧边和底边的重合部分都折好后，手指伸入滤纸中间，将其调整成适合滤杯的形状。

4 用手指将侧边和底边的角压平整，一定要调整成完全贴合滤杯的形状。

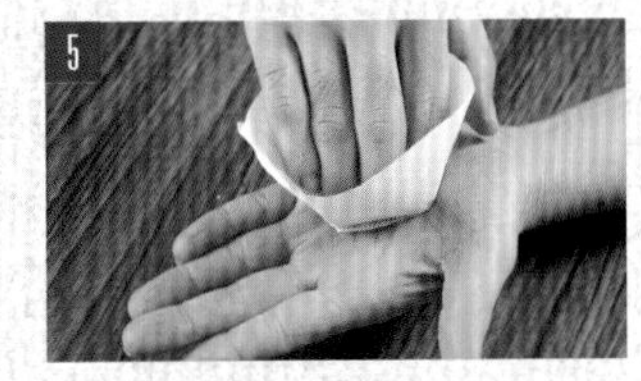

5 接下来把手摊开，把滤纸放在手掌上，手指伸入滤纸中间进行最后的形状调整。

6 把滤纸放进滤杯中，用手指压紧滤纸使其与滤杯紧密贴合。

将温度计插入手冲壶内，倒入热水测量温度。如果水温太高，可以倒入一些冷水调节温度。

在开始注水前，要先将手冲壶壶嘴部分的存水倒掉，这样注水时才能保证温度一致。

1 人份的豆量为 10g（2 人份约是 1.8 倍的豆量），用量勺（KONO）量取磨好的咖啡粉倒入滤纸中。

将咖啡粉表面整平。要把握好咖啡粉的密实度，如果压得太实，注水时水流可能被堵住。

第 1 次注水。注水时一定要遵循三个要点：使用温度适当的热水，同时小心不让空气混入，像画螺旋般绕圈注水。

用细细的水柱缓缓地将水注入，当全部的咖啡粉被浸透后即停止注水（开始有连续的水滴滴入下壶中时就差不多了）。

咖啡粉的表面像馒头一样膨胀起来，这种状态就称为“闷蒸”。闷蒸阶段需 20~30s。

第 2 次注水。与第 1 次一样，像画螺旋般绕圈注水。

在滤杯中的水完全滴落之前，开始第 3 次注水。注水时注意不要越过咖啡粉的边缘。

如果下壶中的咖啡已达到预计萃取量，即使滤杯中还有热水也要立即移开滤杯结束萃取。

把萃取好的咖啡从下壶倒入咖啡杯中。如果依个人喜好想加热一下，记得擦掉下壶外壁的水汽，再快速加热。

Cafe Bach

滤纸滴滤
冰咖啡

萃取出浓郁的咖啡，一口气倒在冻得硬邦邦的冰块上

萃取出浓郁的咖啡后，一口气倒在冻得硬邦邦的冰块上使咖啡冷却。轻啜一口，香气即在口中萦回不散，风味绝佳。这款具有十分鲜明的香气的咖啡，在炎热的夏季自不必说，在寒冷的冬季饮用也非常棒。巴西、肯尼亚、印度的咖啡豆分别进行意式烘焙，采用烘焙后混豆(after blend)，调和出酸味和苦味恰到好处的平衡。为了在短时间内让味道充分体现出来，要用磨豆机把咖啡豆磨成细细的粉末。

【产地，处理方式】
❶巴西　水洗
❷肯尼亚 AA
❸印度 APAA
※ 每次都要确认咖啡豆的品质和香气，甄选出合适的豆子。
【配比】2 ：1 ：1（❶：❷：❸）
【烘焙度】意式烘焙（Italian roast）
【烘豆机】原创烘豆机 Meister 系列（和大和铁工所共同开发）

萃取数据（2人份）

- **豆量：12g**
- **水温：87~88℃**
- **萃取量：100~120mL**
- **萃取时间：2min45s**
- **研磨度：细研磨**
- **磨豆机：ditting**

※ 萃取器具、手冲壶、下壶和滤纸同 p.007“巴赫混合咖啡”。

1 加入比 1 人份稍多些的豆量，为 12g（约 1.2 量勺的粉量）。

2 为了保证均匀萃取，需轻轻地晃动细研磨的咖啡粉，使其表面平整。

3 第 1 次注水。使用温度稍高些的 87~88℃的热水。像画螺旋般绕圈注水。

4 第 2 次注水。由于咖啡粉很细，相应地使用尽可能细的水柱慢慢地注入热水。

第 3 次注水。与第 1 次、第 2 次注水的要领相同，需使用尽可能细的水柱，慢慢地注入热水。

第 4 次注水。使用尽可能细的水柱，慢慢地注入热水。咖啡液滴落以及粉层下陷的速度也都逐渐减慢。

第 5 次注水。要领与之前相同，使用尽可能细的水柱，慢慢地注入热水。

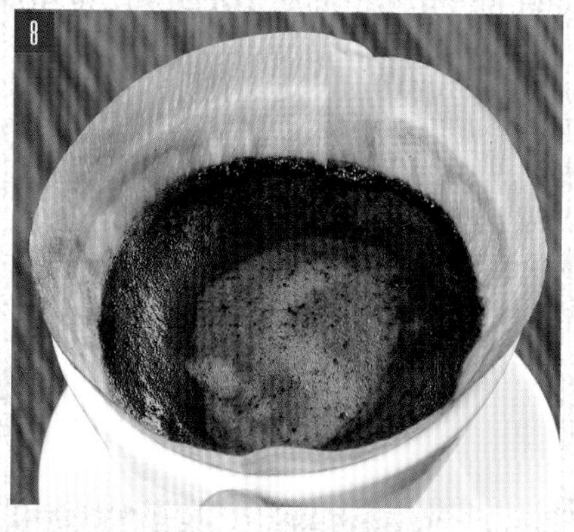

所需萃取量较少，如果已经达到所需萃取量，即使滤杯中还有热水也要移开滤杯。

玻璃杯里预先放好冻得硬邦邦的冰块。把萃取好的咖啡一口气倒在冰块上。

咖啡倒入杯中后，如果客人立刻要喝，稍微搅拌一下就可以端给客人了。

社长 山本光弘

HIRO COFFEE

大丸梅田店

秉承可持续理念，用统一的冲泡法传达咖啡豆的产地个性

店主全身心地投入到可持续咖啡*的事业中，直接从不同的原产地购买大量的取得认证的咖啡豆。在他看来，咖啡的乐趣就来源于不同产地的风味差异。因此，无须为不同咖啡豆搭配不同冲泡法，而是采用统一的萃取方式，力求将各种咖啡豆的产地个性传达出来。同时，考虑到萃取后再加热就会有产生焦臭味的风险，2011年开始就抛弃了冲泡后再加热的做法。秉承着“原原本本地传达出咖啡的本味”的理念，将咖啡直接萃取至咖啡壶中端给客人。

* 可持续咖啡（Sustainable coffee），指为了咖啡的可持续性（比如不破坏生态平衡，让自然环境和生活环境都处于良好状态）而种植和营销的咖啡。

有机哥伦比亚咖啡

这款单品咖啡所用的咖啡豆获得了日本有机农业标准（JAS）、雨林联盟（RAINFOREST ALLIANCE）、友善鸟（BIRD FRIENDLY）等的多重认证，来源于世界上屈指可数的关注环境问题的农庄。它的特征是具有哥伦比亚咖啡独特的坚果香气和温和口感。提供暖瓶外带服务。另外还提供一张写有产地、农庄名字、品种、海拔、风味特征、生产者和农庄信息的小卡片。

店址：大阪府大阪市北区梅田 3-1-1
大丸梅田 9 层
电话：06-6347-1616
营业时间：10:00~20:30
周五、周六 10:00~21:00
休息日：以大丸梅田为准
http://www.hirocoffee.co.jp

HIRO COFFEE
大丸梅田店

滤纸滴滤
有机哥伦比亚咖啡

【产地，农庄，海拔，处理方式】
哥伦比亚 桑坦德（Santander）圣希尔（San Gil） El Roble（Mesa de Los Santos）农庄 1500~1650m 水洗
【烘焙度】中深烘焙
【烘豆机】Fuji Royal（富士皇家）半直火式 60kg

固定咖啡粉量和注水量，重视时间控制，让味道更加稳定

由于热水滴落的速度很快，因此必须特别留意咖啡粉和热水的计量。为了保证滤杯侧壁倾斜角度的一致，以及咖啡粉在滤纸中堆积厚度的均匀，以萃取出稳定的味道，而采用了圆锥形滤杯。所有店铺都配备了量秤以对咖啡粉量和注水量进行测量。由于对萃取时间格外重视，因此采用统一的萃取数据。另外，考虑到不同的萃取方式各有侧重，因此着重于找到良好的平衡点以通用于每种咖啡豆，目的就是将咖啡豆的产地个性充分传达出来。

萃取数据（1人份）

- **豆量：20g**
- **水温：96℃**
- **萃取量：200mL**
- **萃取时间：1min40s**
- **研磨度：中度研磨**
- **磨豆机：Kalita高速磨豆机（High Cut Mill）**

- 萃取器具：HARIO 圆锥形滤杯
- 手冲壶：Takahiro 不锈钢手冲壶 0.9L
- 滤纸：圆锥形棉滤纸
- 量秤：DRETEC KS-209CR

手冲壶把手
不锈钢的把手上缠有橡胶绳，可防止手握时打滑。

手冲壶壶口
Takahiro 的手冲壶注水容易，选用它是因为其锐角壶口令热水可垂直流下，让人十分中意。

1

咖啡萃取完成后不再加热，为保证给客人端上时温度仍维持在72~75℃，店家十分注重温度管控。滤杯和白瓷咖啡壶通常都要预先加热使其温度保持在70℃以上。

2

为了萃取出稳定的味道，采用滤纸滴滤萃取的所有店铺都配备了电子量秤。还特别定制了和吧台搭配的手冲工作台。

不使用常用的咖啡下壶，而是直接萃取到白瓷咖啡壶中，这样做不只是为了谋求高效率的操作，更是为了不用加热就可将温度恰好的咖啡直接端给顾客。

倒入中度研磨的咖啡粉，摇一摇滤纸（如下图）让咖啡粉表面平整。整理好咖啡粉后，将电子量秤进行归零设置。

热水要一直使用HOSHIZAKI的电磁加热器控温，温度控制在96℃。

第1次注水时，要在3s内像画圆一样注入30mL的水。不要太过用力，注水时要控制高度，让壶口尽量靠近咖啡粉，以仿佛正对着咖啡粉表面平行移动的感觉来控制手冲壶。

停止注水后咖啡粉开始膨胀（左）。当膨胀停止，且表面无光泽时（右）进行第2次注水。

向中心注水，产生泡沫后就在直径约23mm的圆形范围内绕圈注水。第2次注水时要将萃取量控制在约100mL。

注水方式

从中心开始在直径约23mm的圆形范围内绕圈注水。

滤杯中的水剩余 1/3 时开始第 3 次注水。

第 3 次注水后要适当调整萃取量。这时，如图所示的咖啡粉壁 * 处附着的泡沫会使咖啡产生涩味，注水时要时刻注意不要把这部分泡沫冲下去。

* 咖啡粉壁指萃取完成后，咖啡粉从边缘向中心逐渐凹陷，从而在滤杯边缘形成的一圈如同墙壁般的结构。

当滤杯内的水再次剩余 1/3 时，进行第 4 次注水。

最后当电子量秤显示萃取量已有 200mL 时，停止注水。

右图中可以看到，咖啡粉壁有一定的厚度。这种深层过滤关系到咖啡的醇厚风味，而操作的关键就是应在直径约 23mm 的圆形范围内绕圈注水（见 p.013“注水方式”图）。

山下总业株式会社 饮食事业部
池袋事业所综合负责人 **三浦研**

炭火烘咖啡 皇啡亭

颠覆滤纸滴滤概念的“粗研磨一次注水法”

皇啡亭是1925年创立的老店“ROASTER · 山下咖啡”的直营店。该店开业以来，历经几十年仍旧延续着“粗研磨一次注水法”的传统。颠覆了从闷蒸开始算起需萃取2~3min的滤纸滴滤概念，该店采取不闷蒸只简单萃取约1min的独特手法。毫无杂味、干净清爽的口感，长年以来俘获了许多老顾客的心。

滤纸滴滤

混合咖啡

使用100%纪州备长炭炭火烘焙的咖啡豆，不强调苦味，以平和的风味为特点。以粗研磨后一次注水的滴滤方式，打造出众人口中的“后味好、口感佳的咖啡”。该店不仅对咖啡的味道十分讲究，而且对冲泡的手势、杯子的选用也都精心考量，全力打造能让人尽情享受的咖啡时光。

店址：东京都丰岛区东池袋 1-7-2
东驹大楼 1 层
电话：03-3985-6395
营业时间：11:00~22:30（最后下单时间 22:00）
休息日：无

短时间内完成萃取，打造风味纯净的咖啡

据说“咖啡里的涩味、苦味等杂味成分，都是在滴滤萃取的后半程中产生的”，而“粗研磨一次注水法”，就是在“产生杂味前就结束萃取，只取滴滤前半程时产生的好味道”这种想法中诞生的。大量使用粗研磨的咖啡豆，不进行闷蒸而持续注水，是简单明了的萃取方式。因为希望在短时间内完成萃取，对咖啡豆采用了能让热水快速通过的粗研磨方式，但粗研磨的咖啡豆较难萃取出味道，因此1人份就需使用25g的咖啡豆，同时水温也需采用能充分萃取出成分的95℃高温。和低水温相比，高水温更容易萃取出美味成分，同时也会更早产生出杂味，因此需在约1min的短时间内完成萃取。

【产地】
❶哥伦比亚
❷乞力马扎罗
❸巴西　桑托斯（Santos）
❹印度尼西亚　苏门答腊曼特宁
❺危地马拉
【配比】❶和❷两种豆以3：2（❶：❷）的比例混合作为基豆
【烘焙度】城市烘焙（city roast）
※100% 纪州备长炭炭火烘焙。
【烘豆机】炭火烘焙专用特制烘豆机

萃取数据（1人份）

- **豆量：25g**
- **水温：95℃**
- **萃取量：140mL**
- **萃取时间：略长于1min**
- **研磨度：粗研磨**
- **磨豆机：Fuji Royal电动磨豆机**

●萃取器具：Kalita 101 陶瓷滤杯
●手冲壶：洋白 3.8μ 东型手冲壶
●下壶：Kalita 101 陶瓷滤杯专用下壶
※ 萃取 1 人份时可直接滴滤到咖啡杯中；萃取 2 人份及更多时，需升级滤杯尺寸，同时要配套使用下壶。
●滤纸：Kalita 101 滤纸

面向客人的展示首先从“一次注水法”的起始姿势开始。右手拿着已经整理好咖啡粉的滤杯，左手拿着倒扣着的已热好的咖啡杯，就以这样的手势作为开场。在右手把滤杯向上端起的同时，左手把咖啡杯翻转过来，就这样把滤杯放在咖啡杯上。这样利落流畅的手势，会让客人的好感度大增。

将沸腾的水倒入手冲壶中。萃取时，手冲壶的水量和倾斜角度的不同会导致热水流出状态的不同，进而对咖啡味道产生影响。为了让店内咖啡的味道保持稳定，手冲壶的水量被设定在七分满。热水倒入后，在水温很高的情况下立刻开始萃取。

瞄准咖啡粉的中心，从这里开始注水。将壶口保持在距咖啡粉表面5~6cm 高的位置后开始注水。

从中心开始向外侧像画螺旋般绕 3 圈注水。注意不要把水注在滤杯的边缘。

向外侧绕了 3 圈后绕回中心，然后再次绕到外侧，如此反复注水。不留闷蒸的时间，手要不停地持续做注水的动作。

注水时应尽量保持稳定的速度和稳定的流量，这样才能让咖啡的味道保持稳定。从第 2 次绕圈开始，咖啡粉会逐渐浮起并向上膨胀。

注水时要避免对咖啡粉造成大的冲击，要像把水轻轻放在咖啡粉表面上那样小心谨慎地注水。让吧台边的客人看到咖啡粉膨胀的样子从而情绪高涨起来，这也是吸引客人的一种技巧。

萃取的时间约为 1min。观察咖啡杯，当达到萃取量时就移开滤杯。为了在杂味成分产生之前就完成萃取，要在滤杯中的热水流完之前就移开滤杯。

将咖啡杯放在杯托上呈给客人。在约 1min 的短时间内完成萃取还有另一个好处，就是咖啡不会冷掉，不用再加热，就可直接以 75~80℃的合适温度端给客人。

松屋咖啡本店

为了只萃取出美味的精华成分，50年前就设计出了“松屋式手冲法”

以完全不妨碍咖啡粉的膨胀为目的，研发了专用滤纸和原创金属滤架。专用滤纸采用方便萃取的圆锥形，原创金属滤架则设计为能维持滤纸角度的构造。另外，为进一步提高萃取效率，还配合设计了专用的加粉方式和注水方式。这就是1962年就已被设计出来的松屋式手冲法。为了只萃取出咖啡的精华成分，需要针对精品咖啡重新设计快速萃取法。

董事长 **松下和义**

LE PIN混合咖啡

直营咖啡店的经典咖啡，由巴西、哥伦比亚、埃塞俄比亚、苏门答腊曼特宁等咖啡豆混合而成。这是一款以顺滑易入口为卖点的咖啡。

哥斯达黎加

这款咖啡豆2012年5月开始售卖，曾在卓越杯大赛（Cup of Excellence，简称COE）上取得极高的名次。这款咖啡香气醇厚、余味绵长。烘焙度采用城市烘焙，店家还提供乳脂含量47%的鲜奶油供添加。（“LE PIN混合咖啡”则提供乳脂含量35%的鲜奶油，两款有所区分。）

店址：爱知县名古屋市中区大须3-30-59
电话：052-251-1601
营业时间：9:00~19:30（最后下单时间19:00）
休息日：无

松屋咖啡本店

滤纸滴滤
LE PIN混合咖啡

【产地】
❶巴西
❷埃塞俄比亚
❸哥伦比亚
❹印度尼西亚　苏门答腊曼特宁
❺印度尼西亚　阿拉比卡（Arabica）
【配比】零活掌握
【烘焙度】城市烘焙（city roast）
【烘豆机】PROBAT 50kg

这样萃取出的咖啡，即使放置一段时间也不会改变味道或变混浊

除了与其他滤纸滴滤法加咖啡粉的方式不同，松屋式手冲法在注水方式、闷蒸方式及萃取量上都有一些特别的技巧。比如萃取5人份的咖啡时，会先萃取出3人份的量，再补上2人份的热水。咖啡萃取完成后，即使放置一段时间也不会改变味道或变混浊，这就是松屋式手冲法的优点。

萃取数据（5人份）

- ●豆量：60g
- ●水温：90℃以上
- ●萃取量：360mL
- ●萃取时间：5min
- ●研磨度：中粗研磨
- ●磨豆机：MAHLKONIG

- ●萃取器具：松屋式原创金属滤架 5人份用
- ●滤纸：松屋式专用滤纸 5人份用
- ●手冲壶：Kalita 铜制手冲壶
- ●下壶：HARIO 木颈玻璃滤壶（drip pot wood neck）
- ●辅助器具：闷蒸用盖子，沙漏

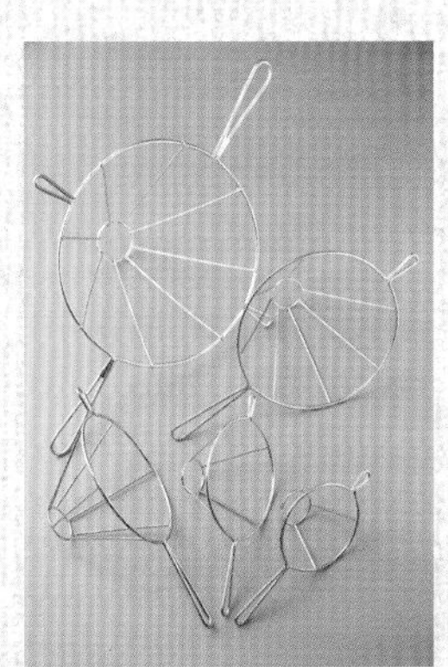

原创金属滤架
50年前刚研发时是铝制的，现在则由不锈钢丝制成以增加强度。原创金属滤架分为3人份用、5人份用、10人份用、20人份用、40人份用等多种。

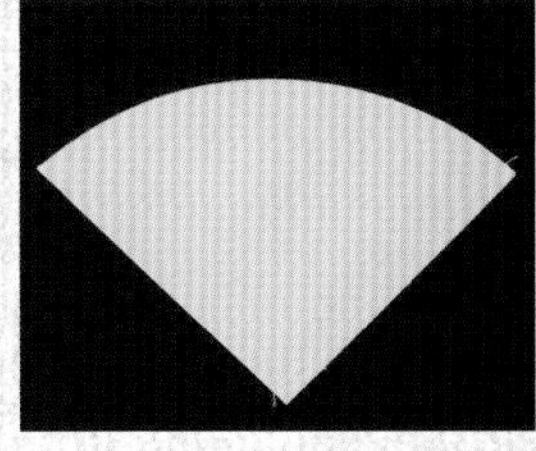

专用滤纸
专用滤纸是用棉线缝制的圆锥形滤纸。由于是线缝的，当萃取量较大时，也能够适应大量注水后咖啡粉的膨胀而不会裂开。

1

从棉线缝合处留约5mm的余边将滤纸折叠起来。然后打开滤纸并保持圆锥形，从圆锥形的尖端开始沿圆锥形侧边折压出折痕至一半长度。将滤纸撑开放进金属滤架内。

2

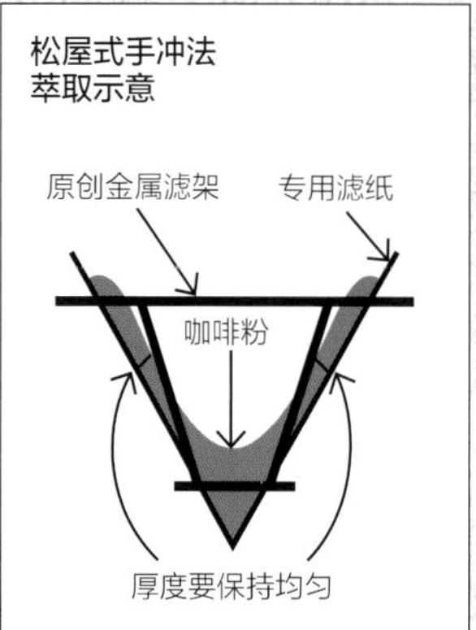

为了让热水通过咖啡粉时流得更顺畅，咖啡豆用 MAHLKONIG 磨豆机进行中粗研磨。将咖啡粉加入滤纸中，用勺子将中间挖空，让咖啡粉都分散到滤纸的侧面。滤纸底部及侧面的咖啡粉的厚度应保持均匀。

3

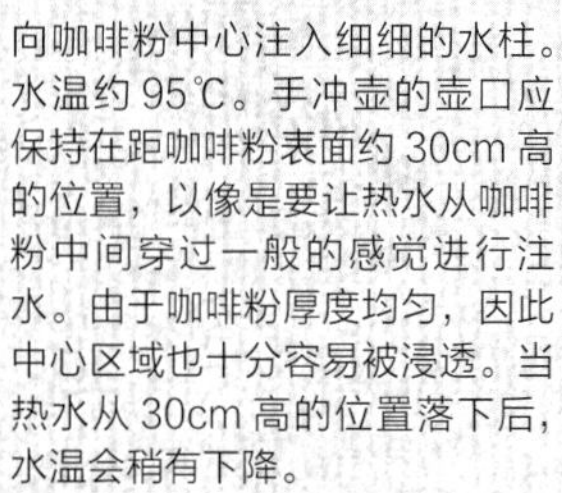

向咖啡粉中心注入细细的水柱。水温约 95℃。手冲壶的壶口应保持在距咖啡粉表面约 30cm 高的位置，以像是要让热水从咖啡粉中间穿过一般的感觉进行注水。由于咖啡粉厚度均匀，因此中心区域也十分容易被浸透。当热水从 30cm 高的位置落下后，水温会稍有下降。

4

从中心开始注水，当热水已经浸湿咖啡粉约一半分量时，即开始在湿粉和干粉的交界线处绕圈注水。

5

当咖啡粉全部被热水浸湿后停止注水，盖上盖子进行闷蒸，时间为 3min。这时咖啡粉开始膨胀，滤纸也开始膨胀，由于滤纸是线缝的，且支撑的金属滤架是镂空结构对滤纸侧面基本无遮挡，所以能很好地适应咖啡粉的膨胀，产生的气体也能顺畅排出。

6

闷蒸完毕后，再次缓缓地注入细细的水柱。由于咖啡粉的温度以 80~82℃为佳，故手冲壶里的热水可在闷蒸期间再次进行加热。细细的水柱仍从距咖啡粉表面约 30cm 高的位置注下，从中心到外侧、再从外侧回到中心，像画螺旋般绕圈注水。注水时应掌握好水流快慢、水柱粗细，使热水能顺畅地通过咖啡粉而不积存，这才是萃取的最佳状态。

7

按照同样的节奏进行注水，萃取出 3 人份后移开滤纸和金属滤架。萃取好的咖啡温度约为 60℃。添上 2 人份的热水轻轻混合就完成了 5 人份的量，咖啡的温度也会稍有上升。

松屋咖啡本店

滤纸滴滤
哥斯达黎加

【产地，农庄，海拔，处理方式】
哥斯达黎加　Los Alpino 农庄　1850m　日晒
【烘焙度】城市烘焙（city roast）
【烘豆机】DIEDRICH 7kg

萃取1人份的咖啡

想用松屋式手冲法萃取1人份的量，可使用3人份用金属滤架和3人份用滤纸，萃取出1人份120mL的咖啡。加粉方式、注水方式、闷蒸方式等，均与“LE PIN混合咖啡”的做法完全一样。控制豆量和萃取量，萃取出1人份120mL的咖啡。

萃取数据（1人份）

- **豆量：18g**
- **水温：90℃以上**
- **萃取量：120mL**
- **萃取时间：4min**
- **研磨度：中粗研磨**
- **磨豆机：MAHLKONIG**

●萃取器具：松屋式原创金属滤架 3 人份用
●滤纸：松屋式专用滤纸 3 人份用
●手冲壶：Kalita 铜制手冲壶
●下壶：KONO 法兰绒用玻璃下壶
●辅助器具：闷蒸用盖子，沙漏

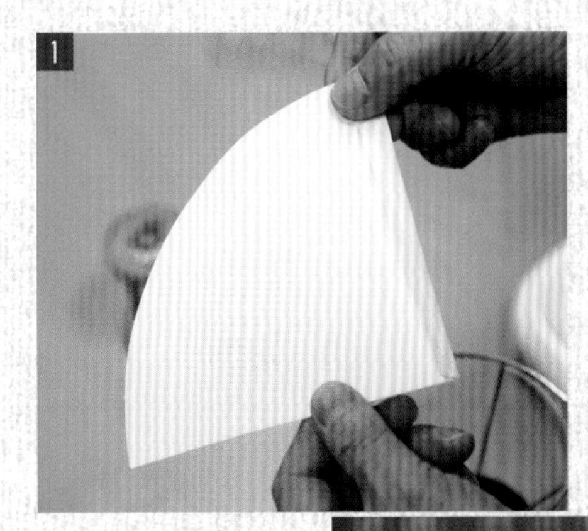

1

从棉线缝合处留约5mm的余边将滤纸折叠起来。然后打开滤纸并保持圆锥形，从圆锥形的尖端开始沿圆锥形侧边折压出折痕至一半长度。用力折压折痕，可避免将滤纸放进金属滤架后打开的滤纸又合起来。

2

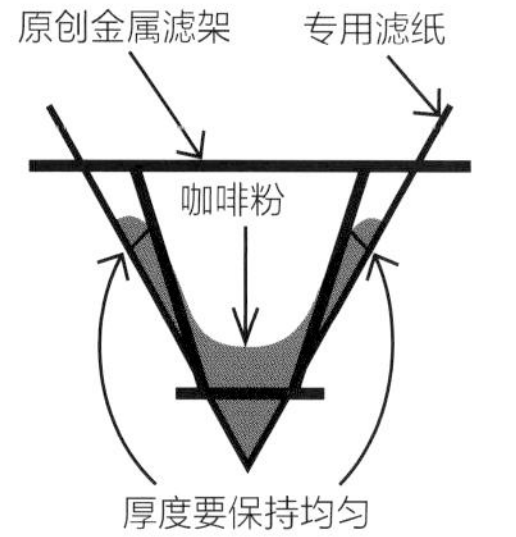

1 人份的豆量是 18g。将豆子用 MAHLKONIG 磨豆机进行中粗研磨。与萃取 5 人份时一样用勺子将中间挖空，让咖啡粉都分散到滤纸的侧面。滤纸底部及侧面的咖啡粉的厚度应保持均匀。

3

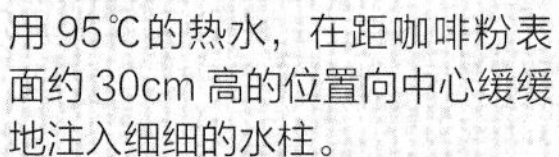

用 95℃的热水，在距咖啡粉表面约 30cm 高的位置向中心缓缓地注入细细的水柱。

4

当热水已经浸湿咖啡粉约一半分量时，即开始在湿粉和干粉的交界线处绕圈注水。

5

当咖啡粉全部被热水浸湿后停止注水，盖上盖子进行闷蒸。盖子比之前萃取 5 人份时的盖子要小一些，需根据滤纸的大小选择合适的盖子。闷蒸的时间为 3min。另外，若萃取 10 人份则需闷蒸 5min。

6

闷蒸完毕后，再次从距咖啡粉表面约 30cm 高的位置向中心缓缓地注入细细的水柱。从中心到外侧、再从外侧回到中心，像画螺旋般以同样的节奏和同样粗细的水柱绕圈注水，萃取到 120mL 的量后就把滤纸和金属滤架移开。

SAZA COFFEE专务董事 **铃木太郎**

SAZA COFFEE 本店

最重要的是将素材本身的个性和特色最大限度地发挥出来

以茨城为中心，在东京、崎玉开了超过10家分店的SAZA COFFEE，自1969年创立以来，就一直以“素材第一，以爱和手艺制作咖啡”为特色。美味咖啡的原点是素材（即咖啡豆）本身，故能将素材的个性和特色最大限度地发挥出来，才是最重要的。根据咖啡豆改变烘焙和研磨的方式，以实践来寻找最适合那款豆子的萃取方式。

SAZA特制混合咖啡

这是1969年创立以来，历经40多年依然备受顾客喜爱的招牌产品。这款咖啡综合了埃塞俄比亚、巴西、危地马拉、哥伦比亚等咖啡豆的甘甜与香醇，使用法兰绒滤布萃取而成。

戈尔达（Gorda）

具有黑巧克力般的风味，以及茉莉花般的甜香，拥有让人愉快的甘甜和香气。这是一款甜度、醇度及酸度极其均衡，能将浓厚而又细致滑爽的口感持续到最后一秒的咖啡。

巴拿马瑰夏（Panama geisha）

这是一款世界顶级的日晒咖啡，混合了2011年巴拿马最佳咖啡竞赛（Best of Panama，简称BOP）日晒组冠军Don Pachi农庄及亚军Esmeralda农庄（翡翠农庄）的两款咖啡豆。其特色是带有如红酒及巧克力般的香醇气味。

店址：茨城县常陆那珂市共荣町8-18
电话：029-274-1151
营业时间：10:00~20:00
（最后下单时间19:30）
休息日：无
http://www.saza.co.jp

SAZA COFFEE 本店

法兰绒滴滤 SAZA特制混合咖啡

深城市烘焙咖啡豆用法兰绒滤布慢慢萃取

这是一款自创店延续至今的特制混合咖啡，其特征是甘甜而香醇。由埃塞俄比亚、巴西、危地马拉、哥伦比亚4种豆子混合而成，拥有平衡感绝佳的风味。为了体现出每种豆子的本来风味，采用深城市烘焙，并以略低的温度慢慢萃取。该店自创店就一直使用Kalita法兰绒滤布进行萃取，也是为了能将咖啡豆的风味最大限度地呈现出来。

【产地，农庄，海拔，处理方式】
❶埃塞俄比亚
❷巴西　Ipanema 农庄　1000m　日晒
❸危地马拉　San Sebastian 农庄　1700m　水洗
❹哥伦比亚　Huila Glorious 农庄　1800m　水洗
【配比】1：1：1：1（❶：❷：❸：❹）
【烘焙度】深城市烘焙（full-city roast）
【烘豆机】PROBAT

萃取数据（3人份）

- ●豆量：约45g
- ●水温：75~80℃
- ●萃取量：390mL
- ●萃取时间：3min
- ●研磨度：中度研磨
- ●磨豆机：ditting

●萃取器具：Kalita 法兰绒滤布
●手冲壶：SAZA COFFEE 原创不锈钢手冲壶
●下壶：Kalita 玻璃下壶 2 人份用

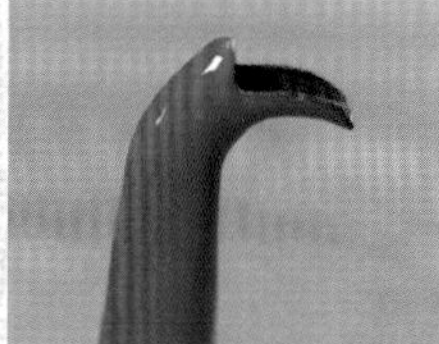

SAZA COFFEE 原创不锈钢手冲壶最显著的特色就是，注水时可自由调节水柱的粗细。有大号（1.6 L）和小号（1 L）2 种尺寸，红色、褐色、奶白色 3 种颜色。

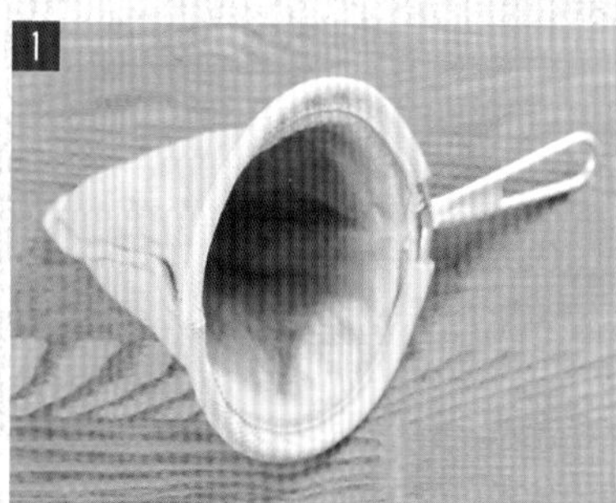

1 为了避免法兰绒滤布中的残留水分影响咖啡的味道，使用前要把滤布里的水挤干净。

2 若咖啡倒入冰冷的容器中其味道和香气会受到影响，所以先在玻璃下壶中倒入热水将其温热。

3 将热水注入带有温度计的不锈钢手冲壶中，水温为 75~80℃。

在法兰绒滤布中加入咖啡粉，进行第 1 次注水。注水时动作应果断利落，同时保持水流匀速。就像要从鲣鱼干里提取精华一般，尽可能地让热水将咖啡粉浸透。

进行闷蒸。这是为从咖啡粉中仅萃取出美味的咖啡液而做的准备，浸泡20~30s。

像画螺旋般绕圈注水。从中心开始向外侧绕圈慢慢注水。注水时的重点是，尽量让每粒咖啡粉吸收的水量保持一致。

注入时应让水柱像“贯穿一切”般均匀渗透至咖啡粉底层，让咖啡液缓缓滴下。咖啡粉量较多时，应格外注意避免像“一滴一滴”似的断断续续的注水方式，以免造成咖啡粉表层过分萃取，而整体萃取却不充分的情况。

“茶色的细密泡沫均匀浮出”是高水平完成注水的判断基准。萃取到合适的量之后，把法兰绒滤布从下壶上移开。

将下壶中萃取好的咖啡倒入咖啡杯中呈给客人。

SAZA COFFEE 本店

滤纸滴滤
戈尔达

【产地，农庄，海拔，处理方式】
萨尔瓦多　Pirineos 农庄　1600m　水洗
【烘焙度】深城市烘焙（full-city roast）（约 2 爆高峰后）
【烘豆机】PROBAT 45kg（5kg）

萃取数据（1人份）

- **豆量：约13g**
- **水温：70~80℃**
- **萃取量：140mL**
- **萃取时间：3min**
- **研磨度：中度研磨**
- **磨豆机：ditting**

用注水更流畅的滤纸滴滤制作试饮咖啡

SAZA COFFEE秉持“素材第一”的准则，一直在探寻美味咖啡的种植者，他们付出大量时间和精力亲自走访咖啡农庄，除了购买传统顶级咖啡豆，还直接参与生产和种植。为了让更多人了解这些特色咖啡豆的优异之处，他们积极参加各种交流和销售活动。在这类活动中提供试饮时，就会采用注水更流畅的滤纸滴滤来萃取咖啡。数年前就开始采用Kalita波纹系列的滤杯和滤纸来萃取SAZA COFFEE的原创咖啡“戈尔达”和“巴拿马瑰夏”，为推广真正美味的咖啡而不断努力着。

- 萃取器具：Kalita 波纹系列玻璃滤杯 2~4 人份用
- 手冲壶：SAZA COFFEE 原创不锈钢手冲壶
- 下壶：Kalita 玻璃下壶 2 人份用
- 滤纸：Kalita 波纹滤纸 2 人份用

SAZA COFFEE 以前一直使用 Kalita 圆锥形滤杯和滤纸，十几年前换成了现在使用的波纹系列。改用波纹系列的原因是：波纹滤纸本身是圆形的，可以顺利完成流畅的注水；同时，波纹滤纸不像圆锥形滤纸那样需要折叠侧边和底部，只需正确放置在滤杯上即可，操作很便利；另外，波纹系列滤杯拆解清洗起来也很简单，易经常洗涤保持洁净。

1

容器若是冰凉的，做出的咖啡就会变成温温的而影响口感，所以萃取前要如图所示先把容器用热水温热。

2

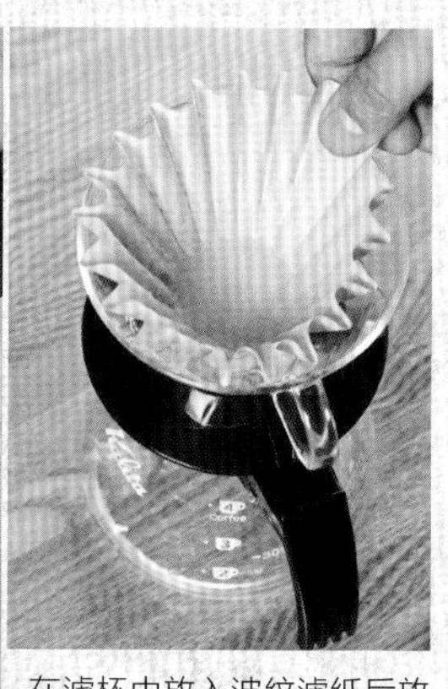

在滤杯中放入波纹滤纸后放在下壶上，加入咖啡粉［图中为 4 人份的粉量，即 1 人份粉量的 4 倍再加 1 量勺（约 10g）］。

3

进行第 1 次注水。闷蒸的目的是“浸泡”，尽量让全部咖啡粉吸入更多的水（80℃），若有少量咖啡液滴落也不用在意。

4

闷蒸（浸泡）阶段是为从咖啡粉中仅萃取出美味的咖啡液而做的准备。浸泡 20~30s，就能看到咖啡粉中的美味精华“浮现出来”的信号。

5

第 2 次注水。像画螺旋般绕圈注水，注入时应让水柱像“贯穿一切”般均匀渗透至咖啡粉底层。注意不要让注出的水呈现“一滴一滴”的断断续续的状态。

6

像画螺旋般绕圈注水。持壶的手要缓缓地平稳移动。在中心注水时水流速度要稍微快一些，越到外侧越要慢一些。要确保每粒咖啡粉接触到的热水量是一致的。

7

茶色的细密泡沫均匀浮出，即表示“萃取进行得很顺利”。在最后一部分咖啡液滴落之前，就结束萃取。

8

萃取完成的咖啡倒入预先温热的咖啡杯里。保持一种游刃有余、气定神闲的状态，才是“做出一杯美味的咖啡”的重点。

SAZA COFFEE 本店

滤纸滴滤 巴拿马瑰夏

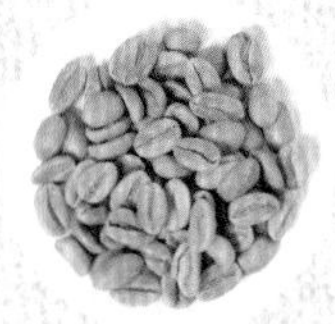

【产地，农庄，海拔，处理方式】
❶巴拿马瑰夏　Don Pachi 农庄　1200~1800m　日晒
❷巴拿马瑰夏　Esmeralda 农庄（翡翠农庄）　1200~1800m　日晒
【配比】1 ：1（❶：❷）
【烘焙度】城市烘焙（city roast）
【烘豆机】PROBAT 45kg（5kg）

为了将咖啡豆本身的特色发挥到极致，使用独创的浸泡法来萃取

这款巴拿马瑰夏，是用自然干燥的咖啡果实精心制作而成的世界顶级日晒咖啡。它混合了2011年巴拿马最佳咖啡竞赛日晒组冠军Don Pachi农庄及亚军Esmeralda农庄的两种瑰夏咖啡豆。这款咖啡融合了红酒和巧克力般的香醇、成熟柑橘般的绝妙甘甜，以及茉莉花般的香气。为了弥补瑰夏咖啡豆萃取率较低的不足，并最大限度地呈现其本身的风味，需采用稍浅一些的城市烘焙并进行细研磨，同时采用借鉴虹吸式咖啡的优点而独创的浸泡法来进行滴滤萃取。

萃取数据（1人份）

- ●豆量：约20g
- ●水温：80℃以上
- ●萃取量：140mL
- ●萃取时间：3min
- ●研磨度：细研磨
- ●磨豆机：ditting

※ 除增加奶泡壶外，其他器具同 p.026“戈尔达”。

1 在奶泡壶中装入烘焙好且细研磨后的咖啡粉（图中为4人份的粉量）。

2 在奶泡壶中倒入热水。要使用温度在80℃以上的热水，需使用温度计来确定水温。

3 用勺子搅拌。壶中开始起泡后，将勺子深入壶底充分搅拌，并且留意不要让液体溅出。

4 滤杯中放好波纹滤纸，将奶泡壶里的咖啡液倒进去。

5 将奶泡壶里的咖啡粉也倒入滤杯中。

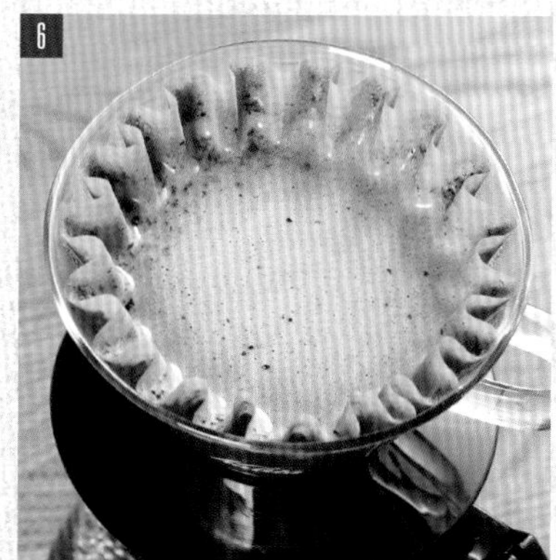

6 等待波纹滤纸里积存的咖啡液流到玻璃下壶中。萃取到所需的量后停止萃取。

7 将咖啡从玻璃下壶倒入咖啡杯中。对于没有杂味、品质优异的瑰夏咖啡豆，这种萃取方式恰好可将其最好的一面展现出来。

店主 堀口俊英

HORIGUCHI COFFEE
千岁船桥站前店

延续了20多年的滤纸滴滤法和追求极致的法兰绒滴滤法

这里要介绍的是HORIGUCHI COFFEE（堀口咖啡）延续了20多年的滤纸滴滤法，以及力求以法兰绒滴滤萃取出极致风味咖啡的“堀口冲泡法”。这是从生豆环节开始就精益求精的“好咖啡”冲泡法，希望借此最终能冲泡出自己理想中的味道。堀口先生表示，达成这个目标的前提就是，尽力磨炼杯测的技能，以及培养对味道的判断能力。

滤纸滴滤

华丽混合咖啡（店内不提供）

由肯尼亚和危地马拉咖啡豆同比例混合而成，具有华丽的酸味以及十分醇厚的香味，其酸味呈现出令人愉快的柑橘及其他成熟果实组合起来的复合口感。若要萃取300mL的咖啡，需使用30g咖啡豆。

法兰绒滴滤

华丽混合咖啡

与滤纸不同，法兰绒可让咖啡油脂等成分轻易通过，因此可萃取出更加顺滑醇厚的咖啡。用法兰绒滤布冲泡时，若要萃取260g的咖啡，需要32g咖啡豆（若是刚烘焙好的咖啡豆则需35g）。

店址：东京都世田谷区船桥 1-9-24
电话：03-6413-9238
营业时间：11:00~20:00
周六、周日、节假日 10:00~20:00
休息日：无
http://www.kohikobo.co.jp

【产地，农庄，海拔，处理方式】
❶肯尼亚　Gatomboya 合作社　1770m　阳光干燥　全水洗
❷危地马拉　Santa Catalina 农庄　1600~2000m　阳光干燥　全水洗
【配比】1 : 1（❶ : ❷）
【烘焙度】城市烘焙（city roast）
【烘豆机】Fuji Royal 改良型直火式烘豆机 20kg

以细细的水柱，从咖啡粉中心开始缓缓注水

该店从20多年前延续至今，都使用更接近法兰绒滴滤的KONO滤杯来冲泡咖啡。冲泡要点是，要让咖啡粉充分浸透热水，即以细细的水柱从咖啡粉中心开始缓缓注水，慢慢地让热水浸透咖啡粉，以达成咖啡精华液一滴一滴落下的状态。决定咖啡香味的关键，是能否在约1min时萃取出第1滴咖啡液。

萃取数据（2人份）

- **豆量：30g**
- **水温：约93℃**
- **萃取量：300mL**
- **萃取时间：4~4.5min**
- **研磨度：中度研磨**
- **磨豆机：Fuji Royal Mirukko DX（原创色）**

●萃取器具：KONO 手冲名人滤杯 2 人份用（原创色）
●手冲壶：Kalita 铜制手冲壶 0.7 L
●下壶：KONO 名门咖啡滤杯玻璃下壶 2 人份用
●滤纸：KONO 圆锥形滤纸 2 人份用

1 咖啡豆进行中度研磨。磨豆机是 Fuji Royal Mirukko DX。机器颜色是和 KONO 滤杯相搭配的原创色。

2 事先将热水倒入玻璃下壶，然后再倒入咖啡杯，把容器均预热好。在滤杯里放置好滤纸，装入咖啡粉。为了让热水能均匀地浸透咖啡粉，轻拍滤杯的侧壁，让咖啡粉表面变平整。

将沸腾的热水倒入手冲壶中。待水温降至约93℃时开始冲泡。Kalita 铜制手冲壶的壶口形状能让热水细细流出，任何人都能轻松完成注水。

从中心开始向外侧，在直径约 26mm 的圆形范围内慢慢绕圈注入细细的水柱。新鲜烘焙的咖啡粉很容易膨胀，注水时要小心一些，不要让咖啡粉过分膨胀。

当咖啡粉整体膨胀起来后停止注水，让热水充分浸透咖啡粉。这是让咖啡中的成分被热水溶解、提取出来的准备工作。

膨胀开始萎缩时，与第 1 次注水一样从中心开始向外侧慢慢绕圈注入细细的水柱。当咖啡粉再次膨胀起来时停止注水。

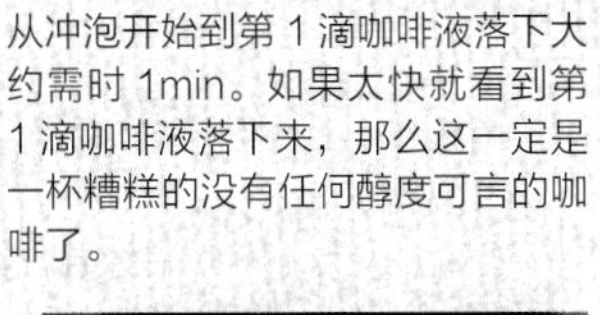

从冲泡开始到第 1 滴咖啡液落下大约需时 1min。如果太快就看到第 1 滴咖啡液落下来，那么这一定是一杯糟糕的没有任何醇度可言的咖啡了。

壶口应保持在距咖啡粉表面 3~4cm 高的位置。如果注水位置太高，咖啡粉承受的压力会过大，咖啡口感也会变得粗糙。

重复步骤 4~8，咖啡粉表面开始泛起白色的泡沫。这就表示二氧化碳气体向外排出，咖啡成分正在萃取中。

达到要萃取的量之后，在剩余液体落下前把滤杯从下壶上移开。轻轻地将咖啡液搅拌均匀，倒入预热好的咖啡杯中。

HORIGUCHI COFFEE

千岁船桥站前店

法兰绒滴滤
华丽混合咖啡

【产地，农庄，海拔，处理方式】
❶肯尼亚　Gatomboya 合作社　1770m　阳光干燥　全水洗
❷危地马拉　Santa Catalina 农庄　1600~2000m　阳光干燥　全水洗
【配比】1 ：1（❶：❷）
【烘焙度】城市烘焙（city roast）
【烘豆机】Fuji Royal 改良型直火式烘豆机 20kg

用法兰绒滴滤依然能维持味道稳定的“堀口冲泡法”

法兰绒滴滤能充分展示咖啡的果酸风味和醇厚口感，是能尽情表现精品咖啡特质的理想萃取法，其缺点是难以维持味道的稳定。为了弥补这个缺陷，能够持续制作出稳定味道的“堀口冲泡法”诞生了。为了让更多的工作人员在冲泡时有可参照的明确指标，将豆子的研磨方式和量、水温、萃取时间、咖啡液的重量都进行了精确的量化。但这仅是一种参考，也可以此为基础根据具体情况自行修正，做出自己喜欢的味道。

萃取数据（2人份）

- **豆量：32g**
- **水温：95℃**
- **萃取量：300mL（约260g）**
- **萃取时间：约5min**
- **研磨度：中度研磨**
- **磨豆机：Fuji Royal Mirukko DX（原创色）**

- 萃取器具：HARIO 法兰绒滤布
- 手冲壶：Kalita 铜制手冲壶 0.7L
- 下壶：KONO 法兰绒用玻璃下壶
- 辅助器具：量秤，计时器

1

为了防止法兰绒滤布干燥，营业中要一直将其泡在热水中备用。冲泡咖啡前将滤布的水用手拧干，再用毛巾裹住吸干水，将皱褶展平整理好形状。

在玻璃下壶里倒入热水预热，再将热水倒入咖啡杯里预热。萃取时咖啡液如果冷掉，其风味就会改变，所以这些容器都要提前预热。

法兰绒滤布里装入咖啡粉，左右晃一晃使咖啡粉表面平整。将沸腾的热水倒入手冲壶中。热水温度降至 95℃时就开始冲泡。

在量秤上放上下壶，为称量咖啡液做好准备。按下计时器开始萃取。

萃取的方法与滤纸滴滤一样，从中心开始慢慢地注入细细的水柱。

从中心开始向外侧，像画螺旋般慢慢绕圈注入细细的水柱。当咖啡粉整体膨胀后就暂停注水，之后再次重复注水，注意不要让咖啡粉过度膨胀。大约 1.5min 时会萃取出第 1 滴咖啡液。

约 2min 时咖啡液萃取量为 30g，3min 时萃取量会达到 80g。但豆子状态（烘焙后保存的天数）及法兰绒滤布使用次数的不同，会对萃取速度及香味产生影响，因此也需要根据具体情况进行一些微调。另外，根据咖啡豆烘焙度的不同，萃取过程也要进行一些改变。

最后大约 5min 时会萃取出 260g 的咖啡液。在咖啡粉膨胀塌陷前把法兰绒滤布移开。

只有咖啡的店 CAFE DE L'AMBRE

持续研究美味咖啡超80年，创作出独特的器具和萃取法

关口一郎先生的创业始于1948年。无论是手冲壶、法兰绒滤布，还是当作咖啡下壶的单柄小奶锅，都是关口先生为了萃取出更美味的咖啡而研究与创作的独特器具。使用关口先生于92岁高龄时获得专利的极少产出微粉的磨豆机，可以冲泡出口感清爽的咖啡。关口先生一生都心无杂念地埋头于咖啡研究中，而CAFE DE L'AMBRE的咖啡的不断进化就是最好的展示。

店主 关口一郎

混合咖啡demitasse*杯（单品）

开业时就开始提供 demitasse 杯咖啡。有趣的是，店主当年购买的 demitasse 杯是作为过家家玩具销售的。原本按照标准一般 1 人份萃取出100mL，但这里只萃取出 50mL。精妙之处就在于，在 60℃左右饮用时最能感受到它的浓郁和香醇，就这样将这浓缩的一杯握在手里饮用吧。容器使用的是极薄的有田烧无柄杯子。

*demitasse 源于法语，本意指小咖啡杯，现在多用来意指浓缩型的小杯咖啡。

L'AMBRE Grid Mill

店家使用 L'AMBRE Grid Mill 来研磨咖啡豆。它使用刀片对豆子进行切割，利用离心力让咖啡粉扬起，同时通过网筛尽可能地减少微粉。2006 年这款磨豆机取得专利，2011 年投入工业化生产（由富士咖机生产）。这是一款专门与 CAFE DE L'AMBRE 的法兰绒滴滤搭配的磨豆机。

店址：东京都中央区银座 8-10-15
电话：03-3571-1551
营业时间：12:00~22:00（最后下单时间 21:30）
周日、节假日 12:00~19:00（最后下单时间 18:30）
休息日：无
http://www.h6.dion.ne.jp/~lambre

只有咖啡的店

CAFE DE L'AMBRE

法兰绒滴滤 混合咖啡demitasse杯

【产地】
❶哥伦比亚
❷坦桑尼亚
❸埃塞俄比亚
❹巴西
❺危地马拉
【配比】在不同的时间会将咖啡豆的配比做不同的变化
【烘焙度】法式烘焙（French roast）
【烘豆机】富士 L' AMBRE 改造热风式 7kg

亲手制作形状独特的单面磨毛法兰绒滤布

关口先生首次遇见用法兰绒滤布制作手冲咖啡是在1933年 。从那以后，他尝试过植物性、动物性、矿物性等各种材质的材料制成的各种形状的过滤器具，最终才确定了现在使用的单面磨毛法兰绒滤布。萃取时法兰绒磨毛那面向外，用L'AMBRE Grid Mill研磨出的几乎没有微粉的咖啡粉，冲泡出口感干净的咖啡。

萃取数据（2人份）

- **豆量：28g**
- **水温：90~95℃**
- **萃取量：100mL**
- **萃取时间：3min**
- **研磨度：略粗的中度研磨**
- **磨豆机：L' AMBRE Grid Mill**

●萃取器具：法兰绒滤布（手作品）
●手冲壶：野田珐琅 L'AMBRE 手冲壶（原创鹤嘴壶口）
●下壶：铜制单柄小奶锅（特制品）

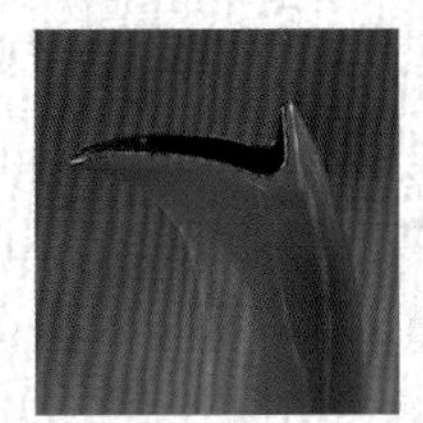

手冲壶
珐琅手冲壶的壶口采用原创的鹤嘴设计，可轻松在咖啡粉上一滴一滴地注水。

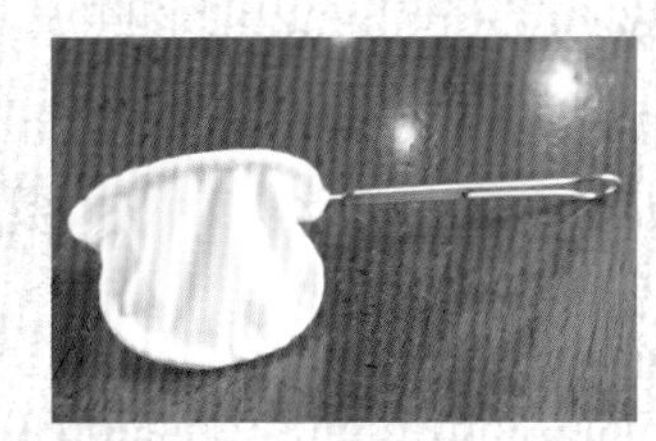

法兰绒滤布
从创业以来，就使用相同形状的模板亲手制作法兰绒滤布。采用食品用无漂白单面磨毛法兰绒布料，用同为食品用的棉线缝制起来，装在用氩气焊接的不锈钢手持支架上就可以使用了。

1 关于磨豆机，这里根据自身情况选择了L'AMBRE Grid Mill。对咖啡豆进行略粗的中度研磨，萃取1人份需要18g，2人份则需要28g。

2 法兰绒滤布磨毛的那面向外，预先泡在水中。要使用时若用手拧干会有点来不及，所以会用专用脱水机来脱水。

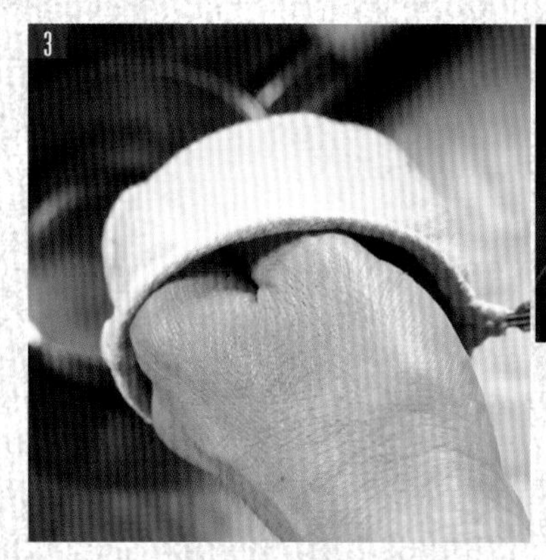

用脱水机将法兰绒滤布脱水拧干，磨毛那面向外，把手指伸进去调整形状后装入咖啡粉。

将沸腾的热水倒入手冲壶中，待水温降至合适温度时开始注水。手冲壶的壶口靠近咖啡粉表面，从中心开始一滴一滴地慢慢注水。

注水时要固定手冲壶的位置，保持一滴一滴注入的节奏，手持法兰绒滤布的左手则转圈晃动，让咖啡粉的表面都被水浸湿。

咖啡粉吸水后，开始一点点膨胀起来。整体膨胀后，从咖啡粉中心开始向外侧绕圈注水，边逐渐扩大注水范围边持续地一滴一滴地滴水。

当法兰绒滤布底部开始滴落浓稠的咖啡液时，稍加大注水量，用细细的水柱从中心开始向外侧绕圈注水。注意不要让热水直接接触到法兰绒滤布。

2 人份应萃取100mL，萃取量达到后即移开法兰绒滤布结束萃取。

将萃取好的咖啡倒入预热好的杯子中，小奶锅上一个类似壶口的宽嘴设计可以避免倒洒，这个小奶锅也是店家的原创作品。

只有咖啡的店 CAFE DE L'AMBRE

法兰绒滤布的制作方法

关口一郎先生不仅尝试过植物性材质，动物性、矿物性等各种材质他也都试用过，最终才确定法兰绒是最适合进行咖啡萃取的材质。接下来，他又研究了法兰绒的质地。法兰绒的厚度会影响萃取是毋庸置疑的，此外关于平纹、斜纹等不同织法，以及缝制滤布的棉线的粗细对萃取会造成什么影响，他也都逐一进行了实验,之后才有了现在的法兰绒滤布。现在使用的滤布，仍旧是从比照模板裁剪法兰绒开始，再使用固定针法一片一片地手工缝制而成的。

所采用的单面磨毛法兰绒以及缝线，均是食品用级别的，磨毛那面向外。手持支架早期用黄铜制作，后来为防生锈改用不锈钢，以氩气焊接制成。支架分为大、中、小3种尺寸：大号适用于5~6人份,中号适用于3~4人份,小号适用于1~2人份。

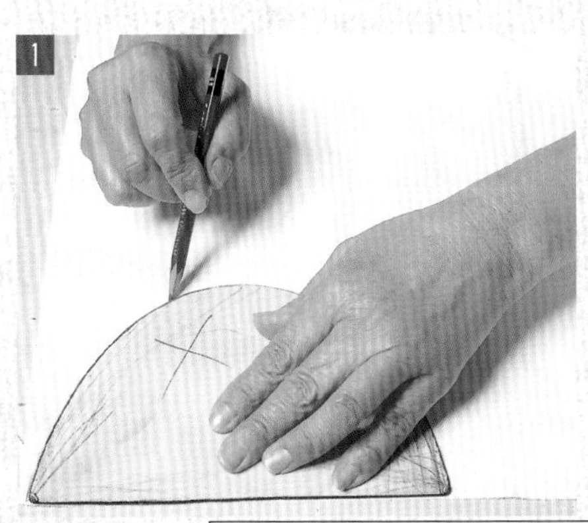

这里介绍大号滤布的做法。使用的模板不是正圆形，而是椭圆形。把模板在单面磨毛的法兰绒上摆好，用铅笔画出裁剪线。

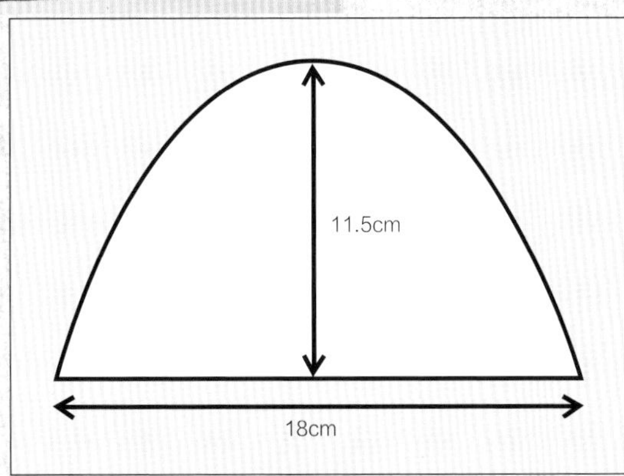

沿裁剪线剪开。比照这个模板裁剪出2片法兰绒用来缝合。

缝线是符合日本食品卫生法的食品用级别的棉线。将棉线捋好不要让它扭曲弯折，然后开始缝制。首先将2片法兰绒的磨毛面相对对齐，用双股棉线进行平针缝。

从一侧开始，在距布边向内 7~8mm 处开始进行平针缝。在缝制过程中，注意捋平线迹，以防止法兰绒变形。

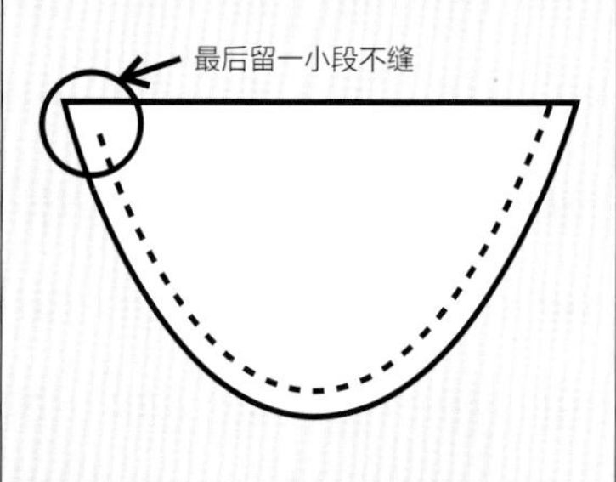

从一侧开始缝制到另一侧距末端 2~3cm 处时停止缝制。因为需要留下口子以安装手持支架，所以切记留一小段不缝。

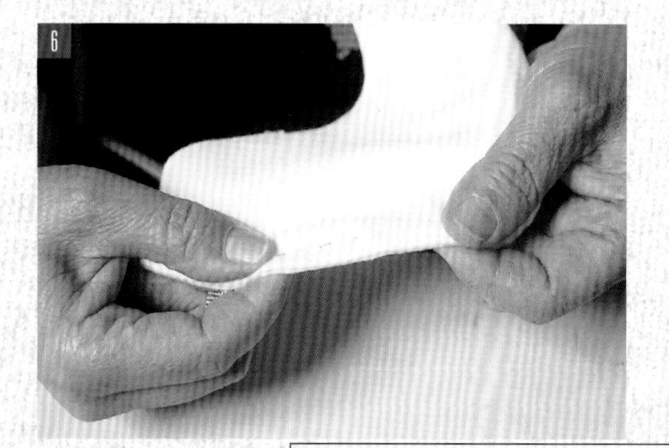

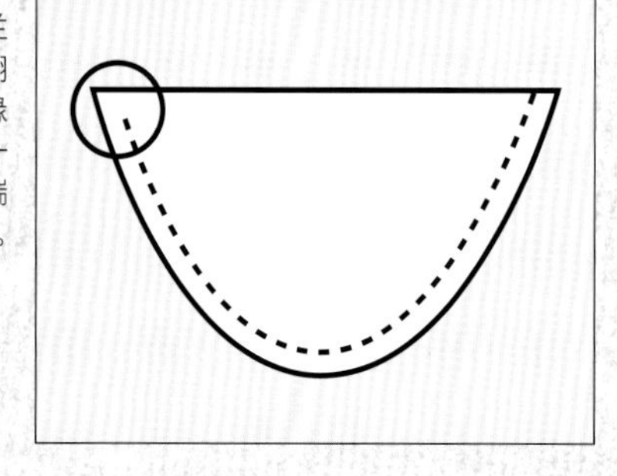

将步骤 5 中缝好的法兰绒翻面，将磨毛那面翻到外面，然后沿着边缘进行包缝。与步骤 5 一样，缝到另一侧距末端 2~3 cm 处时停止缝制。

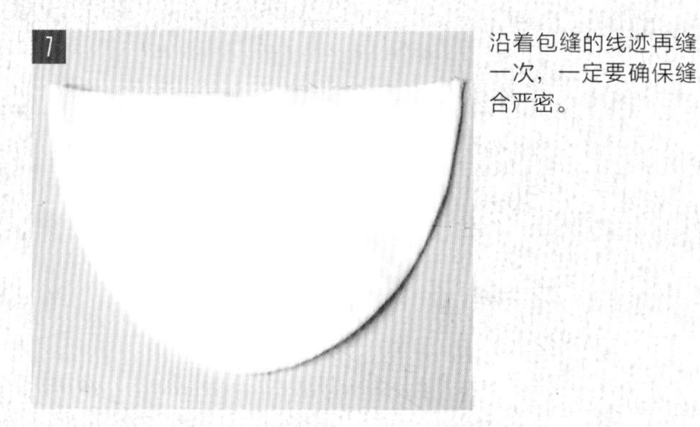

沿着包缝的线迹再缝一次，一定要确保缝合严密。

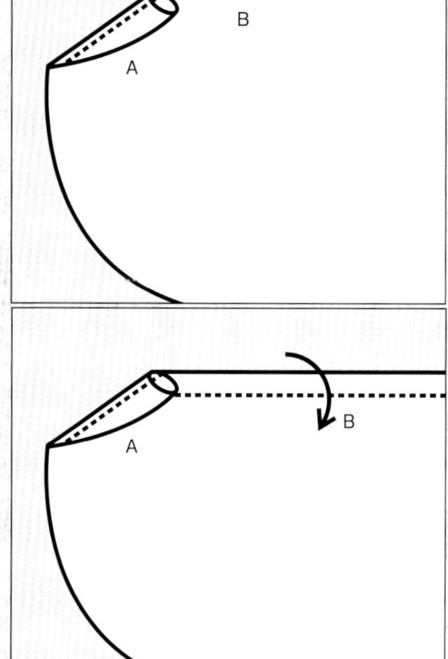

图中 A 部分向内折 3 次，B 部分向内折 1 次。这样用手做出折痕后再进行支架的安装就会比较容易。

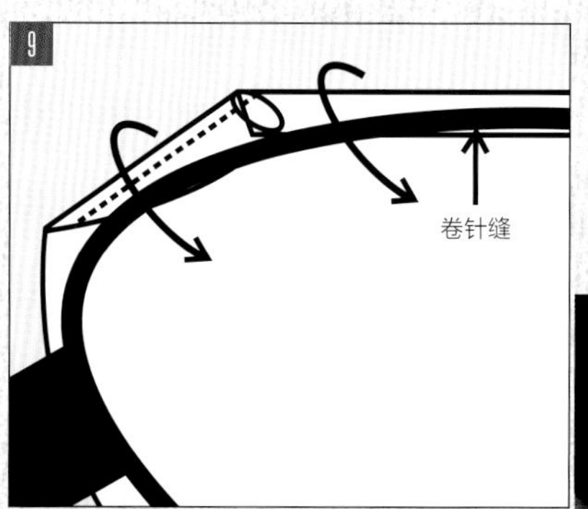

先将做出折痕的 A 部分与支架手柄附近的圈条缝合起来。然后用 B 部分将支架圈条其他部分整体包住，进行卷针缝，沿着支架圈条缝一圈。

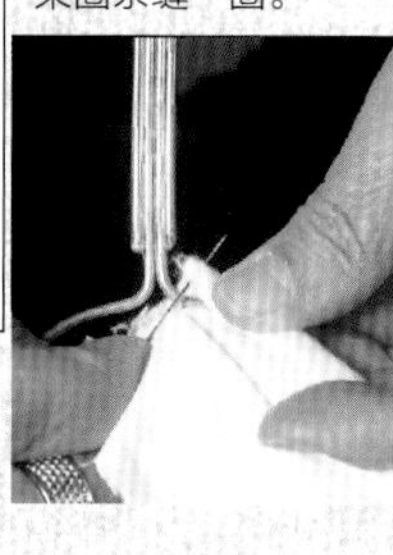

缝完一圈后，把支架手柄和滤布缝合固定起来。缝合开始的部分和最后结束的部分要用棉线缝 3 次以牢牢固定住。

人气新店的手冲技术

自家烘焙咖啡 HARMONY

以恰当的注水方式控制滤杯内水流的萃取法

不盲从于定论，黑泽龙弥先生根据自身经验及对滤杯内热水所受重力影响的研究，最终确立了独特的萃取法。其要点就是通过恰当的注水方式，对滤杯内的水流进行控制。店里以法兰绒滴滤咖啡为主，也提供滤纸滴滤、虹吸式、意式浓缩等多种类的咖啡。这里就以咖啡教室里经常教授的滤纸滴滤为范例，来介绍该萃取法的原理。

代表 **黑泽龙弥**

滤纸滴滤
低醇度
light body

曼特宁

烘焙后使用独特的冷却技法，给人的印象与一般的曼特宁完全不同，可以体会到花一般的香气，以及覆盆子般的酸甜。由于只萃取出了咖啡豆的优质成分，即使放置一段时间味道也不会劣化，2h 后饮用风味最佳。

滤纸滴滤
高醇度
full body

那不勒斯混合咖啡

这款咖啡使用了原本为制作意式浓缩咖啡而设计的法式烘焙混合豆，拥有醉人的质地和浓厚的口感，让人感觉仿佛喝下了咖啡精华液一般。后味则弥漫着饱满的甘甜。深烘焙带来的强烈香气也是其魅力所在。

店址：东京都世田谷区驹泽 5-15-14
电话：050-3403-0807
营业时间：10:00~22:00
　　　　　周一 10:00~20:00
休息日：周二
http://www.harmony2.net

自家烘焙咖啡
HARMONY

滤纸滴滤
低醇度 light body
曼特宁

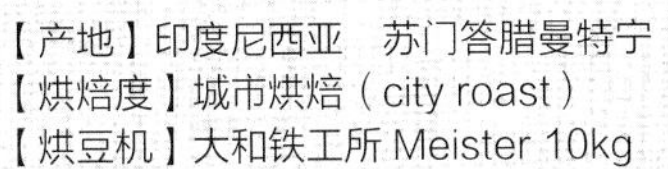

【产地】印度尼西亚　苏门答腊曼特宁
【烘焙度】城市烘焙（city roast）
【烘豆机】大和铁工所 Meister 10kg

将水流控制在粉层中心线上，维持向下的引力

咖啡豆中的美味成分黏稠度较高，而咖啡是否好喝，则取决于能否尽量多地将美味成分从滤杯中萃取出来。基于此，黑泽先生研发出了以“拉长热水贯穿粉层中心的距离，保持纵向水流顺畅不滞留”为重点的“流体滴滤萃取法”。从小山状的咖啡粉的顶点开始，保持壶口位置稳定开始注水，维持向下的引力，将美味成分萃取出来。低醇度咖啡是利用高温将优质成分萃取出来，在杂味产生之前就麻利地结束萃取，为此冲泡前需要采取去除微粉的措施以减小阻力。

萃取数据（1人份）

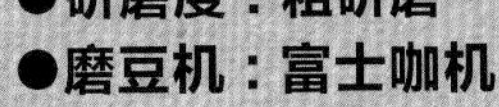

- **粉量：滤杯八成满的量**
  （下面示范中使用35mL量杯1杯的量）
- **水温：90~95℃**
- **萃取量：120mL**
- **萃取时间：可根据情况调整**
- **研磨度：粗研磨**
- **磨豆机：富士咖机**

- 萃取器具：改造后的 KONO 圆锥形滤杯 2 人份用
- 手冲壶：改造后的 Kalita 铜制手冲壶 1.5L
- 下壶：IWAKI 量杯
- 滤纸：上部修剪过的 KONO 圆锥形滤纸 2 人份用

手冲壶
要打造合适的水流，必须要使用能够控制每滴水落下位置的手冲壶，选择合适的手冲壶再按需要加以改造。【壶口】为了从准确的位置注入热水，从钢笔得到启发在壶口上安装一小块金属片。这样注水口就因此延长了一些，当水量增大后也不会乱洒出来。【把手】把手要结实不易脱落。因为把手距离壶口距离较长，改造一下让把手稍微倾斜一点，这样距离壶口的位置就变短了。

改造后的滤杯
滤杯是非常关键的，应满足需用粉量恰为滤杯容量的八九成，同时能让热水始终保持垂直向下的流向且不积存的要求，为达要求需将滤杯进行改造。改造内容：A、B 滤杯，改造为与倒成小山状的咖啡粉的顶点一样的高度；C 滤杯，中间的萃取孔要扩大。过滤面积较大的梯形滤杯比较合适拿来改造，但是 1~2 人份用的梯形滤杯中没有适用的，所以用圆锥形滤杯来改造。推荐使用便于观察的透明树脂滤杯。

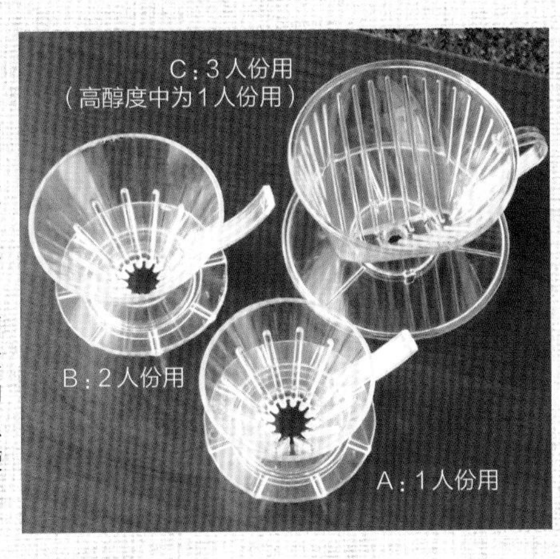

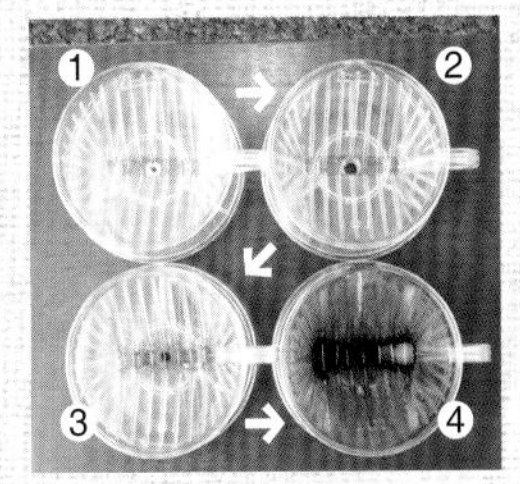

梯形滤杯的改造
改造后下水会更快一些，图中展示为了防止从侧面出水而进行改造的过程（③、④中使用了黏合剂，所以营业时并未使用）。

失败的改造
去除滤杯里的沟槽后，滤纸会过于紧贴滤杯，导致热水渗出到滤杯侧壁后直接流下，从而导致纵向水流状况不佳。

1

滤杯和滤纸之间应保持基本无空隙，否则热水会存留积滞，水流也会散乱，因此需要通过折叠对滤纸形状进行调整。首先，在接合部分稍向里一点的位置把接合部分折一下。然后，为了避免折叠后比较厚的部分翘起来，把接合部分剪到只余约 2mm 宽。

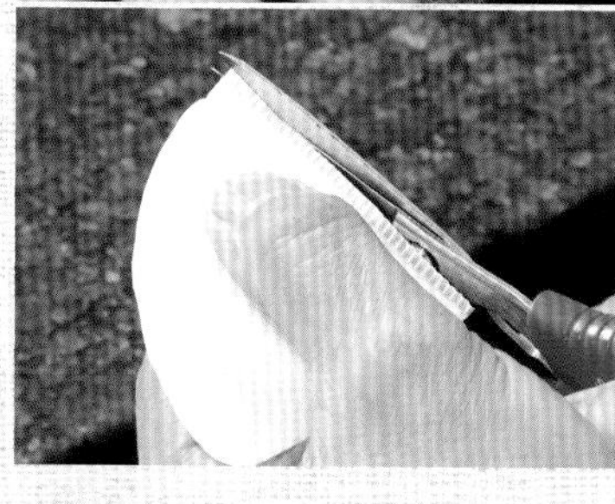

2

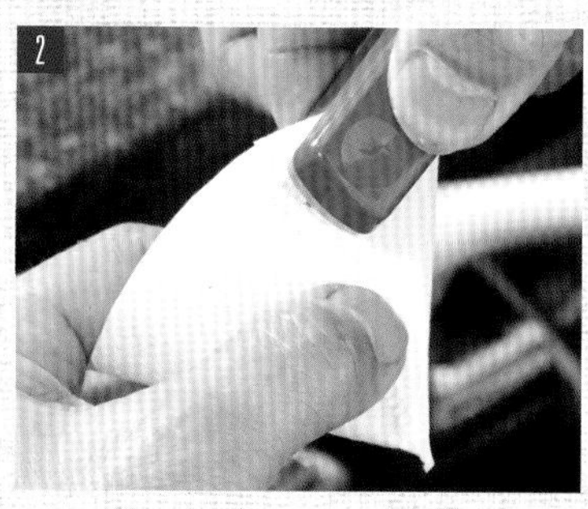

为了在萃取时不让滤纸下方因空间太小而妨碍水流通过，把折叠部分用订书机订起来。

3

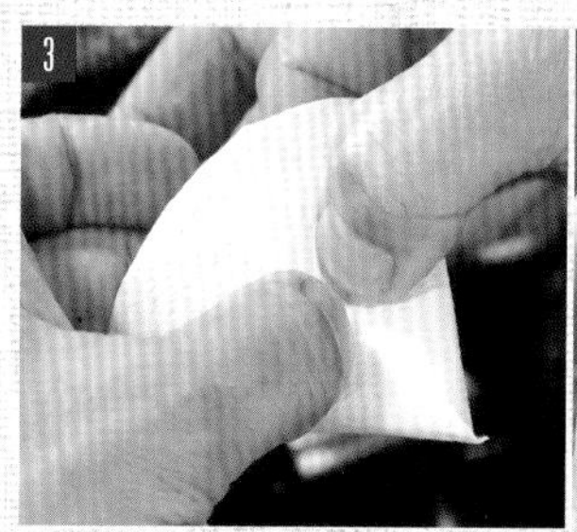

将折叠时产生的折痕用指尖压平，避免出现凹凸不平的状况。按照步骤 1~3 操作后，滤纸就可以稳稳地贴合滤杯放好了。

4

将粗研磨咖啡豆倒入网目较粗的不锈钢滤网中，摇一摇去掉微粉。因为制作低醇度咖啡需要热水通过速度尽量快，因此要用粗研磨的咖啡粉，并将会阻塞水流的微粉去掉，使向下的水流能够无障碍地通过。另外，比较大片的银皮会导致水流横向扩散，所以一定要吹掉。

5

把咖啡粉从滤网倒入咖啡粉杯时，轻轻摇动咖啡粉杯使细粉集中在下层。这样，把咖啡粉倒入滤杯时，细粉就会聚集在上层，从而减少对水流的阻力。

6

把咖啡粉倒入步骤 3 的滤杯，并倒成小山状。为了让中心位置成为小山的顶点，要小心地慢慢倒入，若倒完后再整形，细粉会因震动而掉落到下层堵住粉隙，所以倒完后最好不要再整形了。将咖啡粉做成小山状的理由是：①让热水贯穿粉层中心的距离更长；②当小山的一部分崩坏后，粉层内的水流变化从表面就能看到，从而能轻松控制水流；③如果水流过大则整个形状会立刻被破坏，所以注水时不得不更谨慎。

7

用小扁勺将倒好的咖啡粉的边缘部分稍稍整理下，在顶点处滴 2~3 滴热水以形成一个小坑。

8

将沸腾的热水倒入手冲壶，先在和咖啡粉相同高度的其他位置试着滴几滴，以确认水流大小。为了在注水时更好地控制微妙的倾斜角度，手冲壶中的热水一般装到八分满即可。制作低醇度咖啡时，为了萃取出咖啡豆的优质成分需使用高温热水。

在干粉处大量注水很容易破坏粉层，因此先在小坑里慢慢地滴入 7~8 滴水，以使粉层表面更稳固。壶口尽可能靠近咖啡粉顶点且保持位置不动，仅靠向下的重力引导水流。壶口位置不用移动，是将咖啡粉倒成小山状的又一大理由。端壶时小臂与大臂几成直角并以肘部作为支撑，就可以轻松控制注水量。

开始增大注水量。仍然从粉层顶点上面的位置注水，利用从上方施加的压力使咖啡粉整体都浸透热水。

接下来，随着注水量的增大，中心区域垂直向下的水流变得越来越粗大。

随着气体的产生粉层开始膨胀，此时减小注水量。因为气体会产生阻力，所以粉层膨胀停止前都要控制注水量。如果这时注水过多，气体的反作用力可能会导致水流产生横向流动。

萃取示意

流体滴滤萃取法

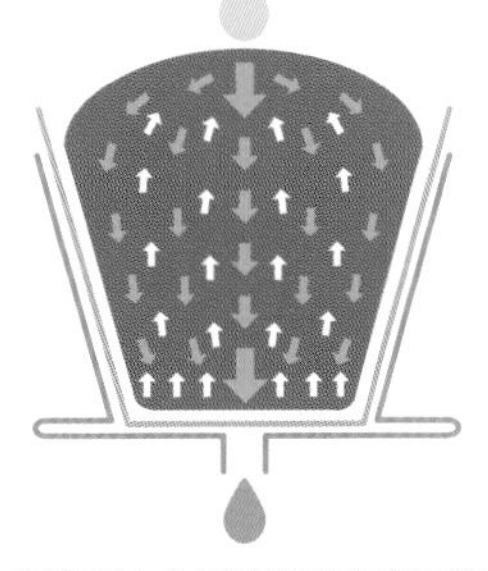

在粉层中心打造出垂直向下的不滞留的水流，由于阻力被分散，能够将所有咖啡粉的美味成分都均匀地萃取出来。

水平萃取法

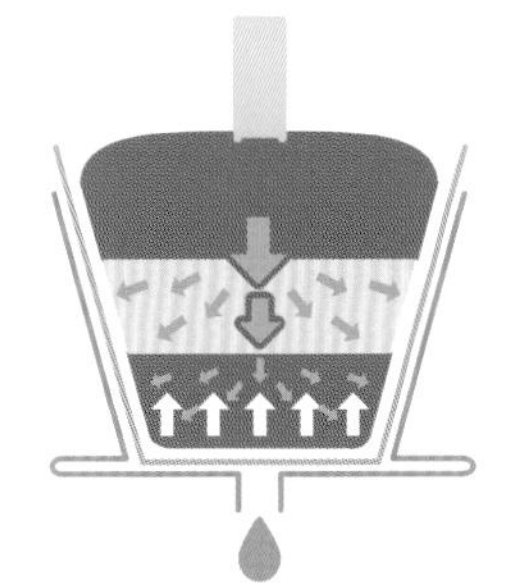

像搅拌咖啡粉似的注水方式，会使水在粉层底部滞留，泡在水中的咖啡粉被浸透而下沉，向下的水流被阻塞，就会朝旁边横向流动。

膨胀停止后就立即增大注水量，持续注水直至达到所需萃取量。最恰当的注水量，是既能保持咖啡粉的膨胀，又与落入下壶的咖啡液的量几乎相等。如果注水期间发生水流堵塞的情况，那么萃取时间就会变长，杂味成分也会被萃取出来，此时建议停止萃取。

下壶的咖啡液达到所需萃取量后，趁滤杯内仍有余水，立即将滤杯从下壶上移开。

用勺子将咖啡搅拌均匀，倒入预热好的咖啡杯。预热杯子时，若将热水倒满至接触嘴唇的杯口部分，喝时就会感觉咖啡非常烫，所以预热时热水不要倒得太满。咖啡豆内部的气体状态会随着时间变化而有所改变，冲泡时可根据具体情况调整萃取时间。

自家烘焙咖啡
HARMONY

滤纸滴滤
高醇度 full body
那不勒斯混合咖啡

❶哥伦比亚

❷巴西

【产地】
❶哥伦比亚
❷巴西
【配比】2 ∶ 1（❶∶❷）
【烘焙度】法式烘焙（French roast）
【烘豆机】大和铁工所 Meister 10kg

利用低温热水的特性，增加横向扩张的力量

如果用高温热水萃取高醇度咖啡，往往会产生焦臭味和苦味，所以这里推荐用60℃以下的低温热水慢慢冲泡。萃取的方式和低醇度咖啡一样，拉长热水贯穿粉层中心的距离，保持纵向水流顺畅不滞留，维持向下的引力，将美味成分萃取出来。不过，由于低温冲泡时没有气体的阻力，水流下落会过快，所以在中心区域注水时，要扩大范围像画圆般绕圈进行。随着温度的变化，热水的萃取性质也会改变，低温水黏着力较强，更易通过引水效应将成分萃取出来；其缺点就是，如果水流偏离了从中心向下的方向，那么是很难修正的。

萃取数据（1人份）

- **粉量：滤杯八成满的量**
  （下面示范中使用35mL量杯3杯的量）
- **水温：60℃以下**
- **萃取量：80~120mL**
- **萃取时间：5min以上**
- **研磨度：粗研磨**
- **磨豆机：富士咖机**

- 萃取器具：改造后的三洋产业 THREE FOR 透明树脂滤杯
- 手冲壶：改造后的 Kalita 铜制手冲壶 1.5L
- 下壶：调整过把手的 Kalita 300 下壶
- 滤纸：Kalita 梯形滤纸

下壶
下壶的种类虽不会对味道产生影响，但必须选择能水平放稳滤杯的下壶。黑泽先生为了倒咖啡更方便，调整了把手的位置。

1

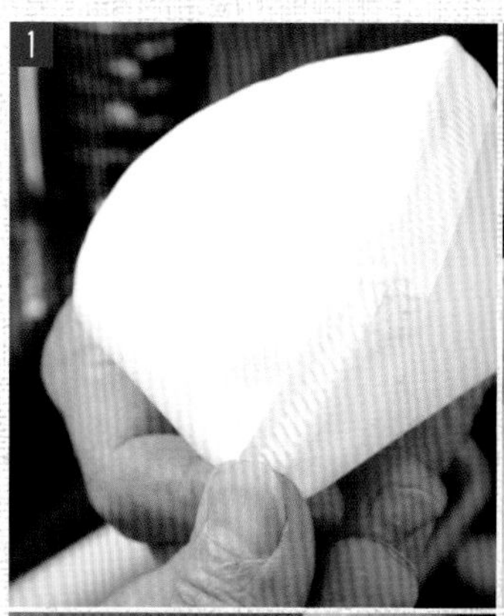

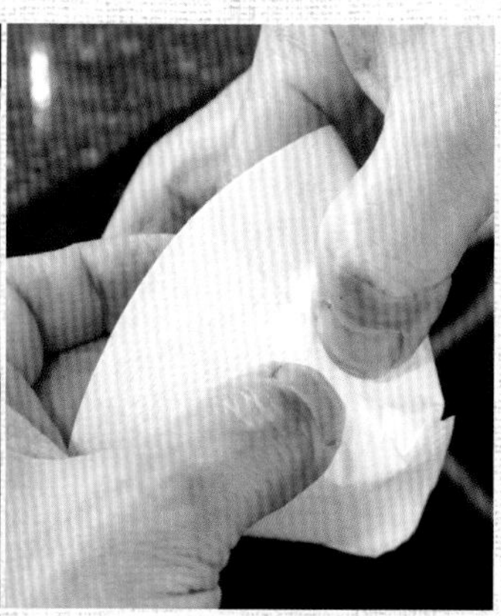

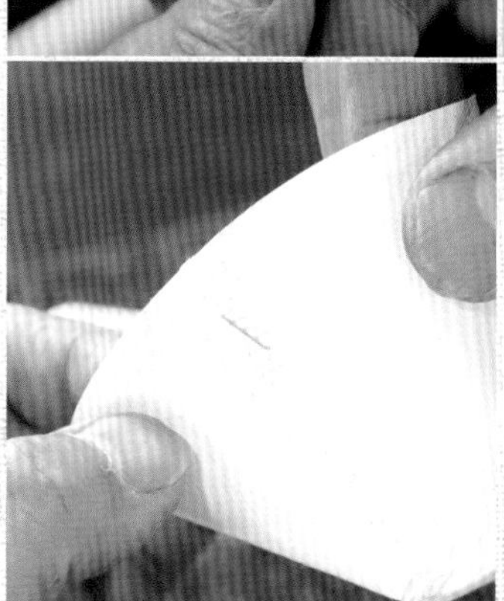

由于制作高醇度咖啡时咖啡豆的用量较大，因此使用了梯形滤杯。为了让滤杯和滤纸之间保持基本无空隙，需先进行如下的操作：折叠滤纸底部和侧面的接合部分，底部的两个角向里按以消除尖角。折痕从内侧用指甲刮平。用订书钉将折叠部分固定，把滤纸装在滤杯上。

将粗研磨的咖啡粉倒入滤杯并倒成小山状（参照p.042 的步骤 6），用小扁勺将倒好的咖啡粉的边缘部分稍稍整理下。在顶点处滴入 2~3 滴水以形成一个小坑。由于水温较低气体阻力较小，会导致水流得太快，所以需要稍微保留一些微粉。

调整好姿势使滤杯的把手和手冲壶的把手在同一平面上，梯形滤杯较长的那一边面对自己会比较方便，准备从中心开始注水。热水倒入手冲壶至八分满（参照 p.042 的步骤 8），先在和咖啡粉相同高度的其他位置试着滴几滴，以确认水流大小。然后开始用 60℃以下的热水萃取高醇度咖啡。壶口尽可能靠近咖啡粉顶点（参照 p.043 的步骤 9），一滴一滴地滴下数滴热水（最好不到 10 滴），形成从中心向下的纵向水流。

在浸湿了的咖啡粉和仍干燥的咖啡粉的交界处，用细细的水柱像画圆一样绕 1 圈注水（左图），然后再回到中心注水（右图），就这样反复移动操作。刚开始时热水较难渗透中心区域，所以要少量且慢速地注水，等到浸湿后再增加注水量。注水时画圆，是因为温度较低的热水流速过快可能导致无法充分萃取的情况，所以需要增加水流的横向张力；而如果只是在干粉上注水则效果很差，因此需要在干湿交界处绕圈注水。

重复步骤 4 的操作，慢慢把圆画得更大一些。重点是，要始终保持从中心向下的纵向水流。水温偏低时水的黏着力会变强，如果水流走向出现偏差是很难修正的。

残留的干粉距离边缘只剩约 1cm 时，停止在干湿交界处画圆而回到中心注水，注水量应和滴落到玻璃下壶中的咖啡液的量大约相等。若咖啡粉全部湿透后萃取出的咖啡液的颜色仍较浅，可以暂时减小注水量多花些时间等待，等滴落的咖啡液颜色加深了再增大注水量。

在此期间，可多次在中心区域进行画圆注水的操作，以增加水流的横向张力。

达到萃取量前，持续在中心区域进行注水；达到萃取量后，在滤杯还存余热水时就移开下壶。用勺子将咖啡液搅拌均匀，倒入预热好的咖啡杯中。

御多福咖啡

从市集小摊起步持续聚集人气，想做出如茶一样令人轻松畅快的咖啡

因不断有手作职人在此起家成名，"百万遍手作市集"如今广为人知。现在拥有一家实体店铺的野田敦司先生，12年前开始就在这个每月15号开集的集市上摆咖啡摊，并渐渐聚集起超高人气。虽身处以深烘焙、高醇度咖啡为主流的京都，他的目标却是制作"平衡度极佳，即使不爱喝咖啡的人也能喝的如茶一样的咖啡"。他所追求的，是令人轻松畅快的香气与口感。

店主 野田敦司

滤纸滴滤

本店的骄傲 混合咖啡

这是一杯既有清爽干净的多汁感，又有令人愉悦的酸味余韵的咖啡，令人印象深刻。它之所以令人倍感轻松畅快，在于特别的萃取技术，以及咖啡豆的新鲜度。野田先生每周都会去西阵的烘焙工坊2~3次，买回大约6kg的豆子，然后3d内使用完。

滤纸滴滤

冰咖啡

由于非常重视香气表现，所以并非预先做好后放凉，而是采取现冲一杯热咖啡后快速冷却的方式。在饱满的香气中，体会比意式烘焙更甚的极深烘焙带来的强烈风味，内心会被深深触动。

店址：京都府京都市下京区寺町四条下贞安前之町 609
KORONA 大楼地下室
电话：075-256-6788
营业时间：10:00~21:30
休息日：每月 15 号

御多福咖啡

滤纸滴滤
本店的骄傲 混合咖啡

【产地】
❶哥伦比亚
❷巴西
❸埃塞俄比亚
❹印度尼西亚
【配比】零活掌握
【烘焙度】中烘焙
【烘豆机】信息不明

用大量咖啡粉快速萃取，打造出如茶一般顺口的咖啡

店家追求的是完美平衡苦味、酸味、甜味和醇度，喝起来如茶一般顺口的咖啡。他使用大量中细研磨的咖啡粉进行快速萃取，让咖啡呈现出清爽干净的口感。萃取由闷蒸（第1次注水）、第2次注水、第3次注水、第4次注水共4道注水工序构成。一边考虑着滤杯的形状和咖啡粉壁（见p.014）的情况，以及空气进入的方式，一边相应地调整手冲壶的高度和水柱的粗细。另外，萃取方法还要能随着客人的喜好而随机做出调整，所以采用了滤纸滴滤这种能够轻松控制咖啡风味的冲泡法。

萃取数据（1人份）

- **豆量：24g**
- **水温：90℃**
- **萃取量：200mL**
- **萃取时间：2min**
- **研磨度：中细研磨**
- **磨豆机：Kalita Nice Cut Mill**

- 萃取器具：Kalita 梯形滤杯 1~2 人份用
- 手冲壶：YUKIWA 手冲壶 500mL
- 下壶：Kalita 玻璃下壶
- 滤纸：Kalita 梯形滤纸 1~2 人份用

1

倒入中细研磨的咖啡粉，轻轻摇动滤杯，使咖啡粉表面平整。

准备进行闷蒸。注水时控制水量使咖啡液保持一滴一滴落入下壶的状态，有种咖啡粉和热水融为一体的感觉。

咖啡粉膨胀起来后（左），待水向下渗透至咖啡粉表面没有光泽感时（右），开始下一步操作。

此时野田先生开始第 2 次注水。从中心开始大力注水，沿着冒起的泡沫的外缘逐渐向外侧移动绕圈注水。接下来将手冲壶的位置下移一些，使水势变缓一些，像要打造一道墙壁（咖啡粉壁）一样进行注水。

注水方式

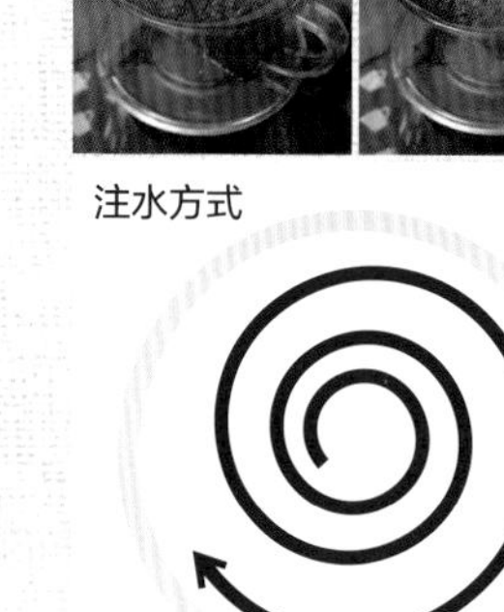

第 3 次注水。考虑到滤杯的形状是中心部位最深，所以最开始的几秒要向中心注水。壶口靠近咖啡粉，用中细水柱均匀地画螺旋般绕圈注水，并以像要用水把咖啡粉掘开的感觉向外侧慢慢扩展。

注水方式

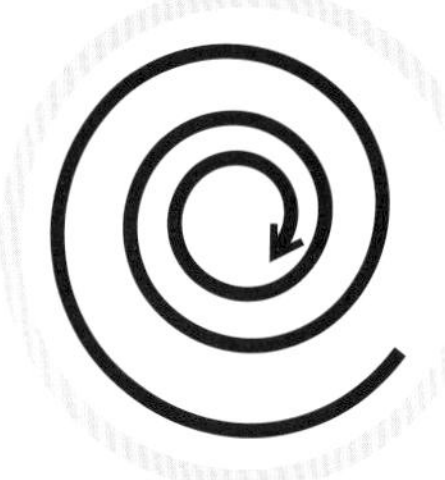

继续第 3 次注水。当水柱快浇到滤杯边缘时，再画螺旋般绕圈返回中心。从中心开始再回到中心，反复地画螺旋般绕圈注水，这样最后就能冲出漂亮的钵状的咖啡粉壁。

第 4 次注水。在最终达到 200mL 萃取量前，均以中细水柱向中心缓缓地注水。注水结束后，若是呈现沿着滤杯侧壁残余一圈咖啡粉壁的状态，则表明注水很成功。

御多福咖啡

滤纸滴滤 冰咖啡

【产地】
❶哥伦比亚
❷印度尼西亚
【配比】零活掌握
【烘焙度】
哥伦比亚：中深烘焙
印度尼西亚：极深烘焙
【烘豆机】信息不明

为了萃取出精华，保持热水和咖啡粉的持续接触

能让客人咕嘟咕嘟大口喝下的冰咖啡，有着美妙而清爽的口感。由于非常重视香气表现，所以采用萃取后立刻快速冷却的方式，而不是预先做好后放凉。萃取要点是，开始注水后全程均应趁咖啡粉冷却变硬前把热水添满，维持水位进行4次注水。保持热水和咖啡粉的持续接触，就能将咖啡精华萃取出来。

萃取数据（1人份）

- **豆量**：35g
- **水温**：90℃
- **萃取量**：100mL
- **萃取时间**：2min
- **研磨度**：中细研磨
- **磨豆机**：Kalita Nice Cut Mill

●萃取器具：Kalita 梯形滤杯 1~2 人份用
●手冲壶：YUKIWA 手冲壶 500mL
●下壶：Kalita 玻璃下壶
●滤纸：Kalita 梯形滤纸 1~2 人份用

倒入中细研磨的咖啡粉，轻轻摇动滤杯，使咖啡粉表面平整。

准备进行闷蒸。注水时控制水量使咖啡液保持一滴一滴落入下壶的状态，有种咖啡粉和热水融为一体的感觉。

咖啡粉膨胀起来后（左），待水向下渗透至咖啡粉表面没有光泽感时（右），开始下一步操作。

考虑到滤杯的形状是中心部位最深，从稍高些的位置开始向咖啡粉中心注入约 100mL 热水。

当热水水位开始下降时立刻进行注水。向中心注入较粗的水柱维持水位。水位下降时，在咖啡粉冷却变硬前就把热水添满，这样才能保证在咖啡粉柔软湿润的状态下提取出咖啡精华。

想着滤杯边缘逐渐形成的咖啡粉壁，从中心开始沿着泡沫外围绕圈注水。当萃取量达到 100mL 时移开滤杯。

在装有大量冰块的玻璃杯里倒入萃取出的咖啡液，用吸管搅拌使其快速冷却。

豆香洞咖啡

以冲泡者的观点择取咖啡豆的特性，创造出咖啡的风味

身为咖啡豆销售商的后藤直纪先生，以专业的视角从实践出发创立了家中也适用的简单的萃取法。他认为手冲咖啡的特色，就在于是由“人”来进行冲泡的。身为冲泡者，在萃取前就应对咖啡的味道做出预想，决定对于咖啡豆所具有的种种风味特性，哪些需要发挥而哪些需要抑制，从而突显出豆子的特色，后藤直纪先生觉得这种创造性是最具魅力的。在寻求咖啡风味更多可能性的同时，也重视创立自家的个性风格。在味道上并不追求过分张扬，而侧重于为口中那缓缓释放的深层风味增添丰富度。

店主 **后藤直纪**

滤纸滴滤

蓝湖曼特宁（Blue Batak）

特有的浓郁药草风味让人联想到广袤大地，甘苦交织的余味让人倍感愉悦，尽情享受这从未感受过的风味吧。咖啡精华被充分萃取，奶油般润滑的质感更使其独具魅力。

店里摆着 Meister 5kg 的烘豆机。店主最初用了 2 年半的时间自学咖啡知识，又在 Cafe Bach 的培训中心学习了 3 年，2008 年 6 月本店开业。咖啡馆经营和咖啡豆销售维持着三七开的比例，通常店里会有 20 多种咖啡豆。

店址：福冈县大野城市白木原 3-3-1
电话：092-502-5033
营业时间：11:00~19:30
休息日：周三、每月第 2 个和第 4 个周四
http://www.tokado-coffee.com

豆香洞咖啡

滤纸滴滤
蓝湖曼特宁

确定想要的味道，选择合适的萃取方法

想要冲出理想的味道，后藤先生认为必经的过程是：首先，通过杯测好好地掌握豆子的个性；接下来，决定要突显豆子的何种风味特性，构思怎样在杯中将其表现出来；最后，选择合适的水温、滤杯和萃取方法。这篇要介绍的咖啡，比起香气，更想表现出其甘苦交织的深层风味和柔滑的口感，所以采用低温萃取，并控制最初的注水量将咖啡精华慢慢萃取出来。另外，要边冲泡边思考萃取出的每一滴咖啡液的风味，进而联想到"一滴滴什么颜色的液体聚集起来形成了'黑色'的咖啡"，咖啡的味道就是这样构建起来的。

【产地，处理方式】
印度尼西亚　蓝湖曼特宁　苏门答腊岛林东区　苏门答腊式
【烘焙度】深烘焙（2爆高峰后）
【烘豆机】大和铁工所 Meister 5kg
※ 烘豆时，比起引出强烈的浓香，更侧重于将豆子本身纤细独特的香味特色保留下来。

萃取数据（1人份）

- **豆量：15.2g（13~16g）**
- **水温：82℃（80~90℃）**
- **萃取量：180mL**
- **萃取时间：约2min30s**
- **研磨度：中细研磨**
- **磨豆机：ditting 804**

- 萃取器具：三洋产业 THREE FOR 陶瓷滤杯（有田烧）
- 手冲壶：YUKIWA M7
- 下壶：三洋产业 下壶
- 滤纸：三洋产业

※ 滤杯选用了即使普通家庭也能轻松使用的款式。选用它的理由是水流通过顺畅，冲出的咖啡风味幅度广且味道稳定。相反，手冲壶就要选择不仅使用起来顺手，而且能突显出在店内饮用的特别感的商业专用壶了。

1 滤杯里装好滤纸，倒入中细研磨的咖啡粉，整平咖啡粉表面。豆量一般为14g，深烘焙或刚烘好的豆子则分量可以多些（拍摄时使用的是烘焙2d后的豆子）。豆量如果少的话，萃取液的浓度会降低且味道会偏甜。不过，若豆子可做到萃取液味道虽变淡却不会变得含混不清，那么采用浅烘焙至中烘焙，可使咖啡的酸味更加立体一些。采用能让香气和味道表现更佳的中细研磨。

积粉杯
购买自京都的五金店。可以精确地将咖啡粉倒入滤杯中。良好的触感也让人格外中意。

2 由于萃取的水温较低，滤杯和下壶要倒入热水预热一下。在手冲壶里注入沸腾的热水，因为仅凭感觉无法判断细微的温度差别，所以需要用温度计测量。

将温好的滤杯放到下壶上，当手冲壶中的热水温度降到 82℃时，用细水柱从中心开始像画螺旋般慢慢进行第 1 次注水，令咖啡粉整体被水浸湿。为了打造出醇厚的香味及柔滑的口感，需要用 82℃的较低水温慢慢萃取。换句话说，90℃的较高水温，常用于搭配浅烘焙至中烘焙的豆子进行萃取，可表现出品质上佳的酸味。

闷蒸至粉层充分膨胀。当萃取液滴落两三滴到下壶中，同时粉层膨胀开始塌陷但气体还未完全排出时（左），进行第 2 次注水（右）。店主认为，在仍稍存气体阻力时注水比较容易些。

第 2 次注水的水量和闷蒸（第 1 次注水）时差不多少（约 30mL），以细水柱慢慢注水，注意不要让粉层因水量大而浮起。第 2 次注水的目标是萃取出浓厚的咖啡精华。注水时要从中心开始像画螺旋般绕圈进行。

当萃取液落入下壶的速度变慢时，开始第 3 次注水（左）。以能让粉层略微浮起的水量（约 50mL）进行注水。为了让侧面与底部的粉层厚度均匀，从中心开始像要把粉层压散开般注水，这样水柱不论从哪个方向落下都会通过同样厚度的粉层。注水量要根据滴下来的萃取液的颜色及时控制。

和步骤 6 一样，当萃取液滴落的速度变慢时，进行第 4 次注水（左）。第 4 次注水的水量要多一些（约 70mL），但注水时依然要注意让粉层保持厚度均匀。第 3 次注水和第 4 次注水时，萃取出的咖啡液比第 2 次注水时会淡些，但让热水持续充分地渗透咖啡粉也是非常重要的。

最后稍微调整萃取量，在还有热水残留时就把滤杯从下壶上移开。以前为了能萃取出风味稳定的咖啡，会用计时器来记录和控制萃取时间，但流程全部都数据化之后，咖啡师的个性也消失于无形中，所以目前侧重于依据现场状况做即时判断。

咖啡倒入用热水温过的咖啡杯里。萃取后的咖啡必须进行试饮，店主十分重视这个品鉴的过程。要确认萃取前预想的味道和实际萃取出的味道是否相合，如果有偏差则下次可参考修正。

探讨注水方式对咖啡味道的影响

开店之初倾尽全力只为萃取出稳定的味道，现在则倾向于在保持本店风格的范围内，根据饮用人的喜好、饮用时的场景氛围，以及对咖啡豆的个人理解，对同一种豆子也积极探索不同的展现方式。要了解一般情况下影响味道变化的因素，可以参考右表右列。后藤先生更想探讨的则是“如何依靠注水方式的改变使咖啡焕发出与众不同的魅力”，可以参考右表左列来了解注水方式和口味倾向之间的关系。这次使用参展的印度咖啡豆，分别介绍能够体现醇厚感的浓郁注水方式，以及体现清爽感的平顺注水方式，来展现豆子的不同特性。与此同时，也要关注能否将事先讲解时所描述的味道，用一杯咖啡轻松地传达给饮用者。考虑到对味觉享受的追求是人的本能，所以要尽力提高顾客体验咖啡风味的兴致。积极了解饮用者的味觉感受，也有助于提升咖啡豆的销售额。

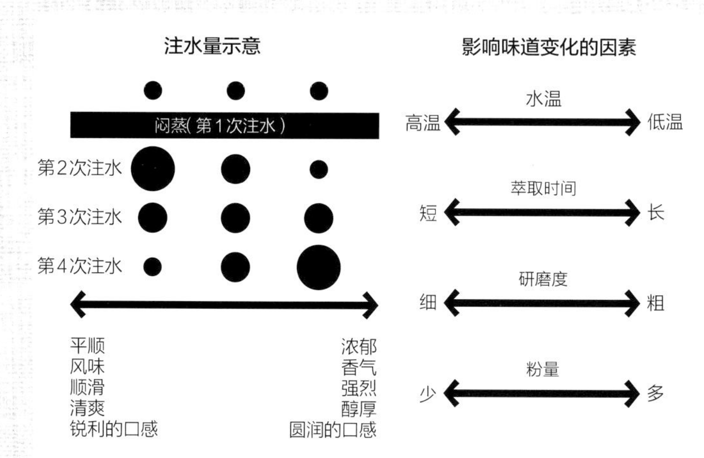

浓郁注水方式

咖啡豆的风味展现

↓

“如同加入了香料的黑巧克力一般，有着浓醇的风味。”

滤杯里装好滤纸，装入中细研磨的咖啡粉并整平咖啡粉表面，注入热水将咖啡粉全部浸透，放置进行闷蒸。

粉层膨胀稍有塌陷时，以细细的水柱，用不会令粉层浮起的速度注入少量的热水（约30mL）。和p.052~053一样，第2次注水需用较少的水量，花时间慢慢注入，这样才能萃取出浓厚的咖啡精华。

闷蒸（第1次注水）　　第2次注水

平顺注水方式

咖啡豆的风味展现

↓

“清爽口感的优质苦味是其特征。喝起来很爽口，很适合在食用咖喱之类口味重的食物后饮用。”

和浓郁注水方式相同，装好滤纸，倒入中细研磨的咖啡粉并整平咖啡粉表面，注入热水将咖啡粉全部浸透，放置进行闷蒸。

粉层膨胀稍有塌陷时，以较粗水柱加快萃取速度，从中心开始向外侧像画螺旋般进行第2次注水。第2次注水的水量最多（约70mL）。

【产地，农庄】
印度 APAA　Brooklyn 农庄
【烘焙度】深烘焙
【烘豆机】大和铁工所 Meister 5kg

萃取数据（1人份）

- ●豆量：14g
- ●水温：84℃
- ●萃取量：180mL
- ●萃取时间：约 2min15s
- ●研磨度：中细研磨
- ●磨豆机：ditting 804

当萃取液滴入下壶的速度变慢时，使用比第2次注水稍多的水量（约50mL），向咖啡粉中心像要把粉层压散开般进行第3次注水，以使粉层的侧面和底部厚度均匀。

接下来进行第4次注水，水柱渐渐变粗，注水速度加快，水量也加大（约70mL），用与第3次注水一样的方法进行注水。

调整萃取量，完成萃取。在滤杯内还有热水残留时就把滤杯从下壶上移开。

第3次注水　　第4次注水　　萃取完成

当萃取液滴入下壶的速度变慢时，使用比第2次注水略少的水量（约50mL），从中心开始像画螺旋般进行第3次注水，小心不要将贴在滤纸上的咖啡粉壁（见p.014）冲垮。如果咖啡粉壁被冲垮了，那么水就会从滤杯侧面流下去。

第4次注水比第3次注水的水量更少一些（约30mL），从中心开始像画螺旋般绕圈注水，小心不要冲垮贴在滤纸上的咖啡粉壁。

调整萃取量，完成萃取。在滤杯内还有热水残留时就把滤杯从下壶上移开。

CIRCUS COFFEE

以基本的器具和方式教授初学者咖啡豆专卖店的稳定萃取法

在神户以烘豆师和杯测师的身份大显身手的店主渡边良则先生，曾在HIRO COFFEE负责冲泡及客服工作。本着“从产地到咖啡杯（from seed to cup）”的概念，致力于具有故事化的背景的精品咖啡，从烘焙阶段就开始追求清晰地展现出不同咖啡豆的个性。店家的咖啡教室本着“在家就能喝到美味咖啡”的主旨，以咖啡豆专卖店的观点，教初学者稳定萃取的方法。

店主 **渡边良则**

滤纸滴滤

哥伦比亚自然栽培咖啡（只卖豆子）

这是生豆供应商 Matsumoto Coffee 的店主，仅凭 30g 的样品豆在原产地寻找到生产农庄的一款豆子，富有柔和的甘甜和圆润的口感。以城市烘焙带来果实般甘甜与纯净的印象，以及香醇的风味。

将 Fuji Royal 3kg 的烘豆机进行改造，瓦斯炉喷火头增加为 12 个，锅体也改造为双层。火力更强，加大喷火头与桶的距离以远火烘焙，因此火力影响可强可弱，让火力逐渐达到豆心。

店址：京都府京都市北区紫竹下缘町 32
电话：075-406-1920
营业时间：10:00~18:00
休息日：周日、节假日
http://www.circus-coffee.com

CIRCUS COFFEE

滤纸滴滤
哥伦比亚自然栽培咖啡

保持咖啡粉状态稳定，萃取出纯净的口感

滤杯中水位若太高咖啡味道会变淡，水位若太低则味道会变浓。所以先要控制水位调整浓度的平衡，并且让微粉浮上来（步骤4）；然后固定水柱位置向中心注水（步骤5），避免咖啡粉在热水中有不必要的翻动，这样才能萃取出纯净的口感。这是店主渡边先生在做杯测师时整理出的冲泡方法，可以轻松达成稳定萃取，非常适合初学者。

【产地，海拔，处理方式】
哥伦比亚　博亚卡（Boyaca）1700m
阳光干燥　水洗
【烘焙度】城市烘焙（city roast）
【烘豆机】Fuji Royal 直火式改造 3kg

●萃取器具：Kalita 陶瓷滤杯 3孔
●手冲壶：Kalita 不锈钢细嘴手冲壶 1.2L
●下壶：Kalita 玻璃下壶 500mL
●滤纸：无漂白、非木材滤纸

萃取数据（3人份）

●**豆量**：35g
●**水温**：88℃
●**萃取量**：480mL
●**萃取时间**：2min30s
●**研磨度**：中细至稍粗研磨
●**磨豆机**：ditting

1

由于咖啡豆研磨得越细越容易冲泡出苦涩味道，所以推荐初学者选用稍粗的研磨度以方便冲泡。轻拍滤杯的侧壁，使咖啡粉表面平整。

为避免热水侧流向滤纸，用量勺的柄在中心挖一个坑。

开始向步骤 1 中挖出的小坑注水，第 1 次注水要让全部咖啡粉被充分浸湿，并且看到下壶内有液体滴落。

闷蒸约 30s。咖啡粉最初膨胀起来时会有光泽感（上），待膨胀停止且光泽消失后（下）进行第 2 次注水。可将闷蒸视为咖啡粉从固体颗粒变为液体前的准备工作。

第 2 次注水从中心开始，咖啡粉表面浮起泡沫后即沿着泡沫外围绕圈注水。为了使微粉能浮上来，水位要保持和图中位置一样。

达到萃取量之前，保持和步骤 4 相同的水位，继续向中心注水，注意不要让咖啡粉产生翻动。

就这样让滤杯内的热水滴尽即完成萃取。图中可清楚看到，咖啡粉壁（见 p.014）相当的厚。

店主 **大平洋士**

樽咖屋

从烘豆师的角度摸透烘焙状态，建立忠实“根本”的萃取法

位于神户元町的樽咖屋已创立20余年，店主不断改良烘豆机并持续研究烘焙技术，是烘焙业界的带头人。烘焙时注重将咖啡豆的纤维用正确的方式展开，从而激发出咖啡的潜力；而萃取时，则要摸透烘焙状态，建立忠实“根本”的萃取法。现在店家专营咖啡豆销售，已不再提供咖啡馆服务，下面会从烘豆师的角度讲讲关于咖啡萃取的思考及相关技法。

肯尼亚咖啡（只卖豆子）

有着绝佳的醇度和细密的质地，还具备黑醋栗橙汁鸡尾酒般的水果香味和酸味，口感十分复杂。由于具备这样的复杂度，太平先生将这种立体的口感，表现成了一种“舌尖上翻滚的味觉体验”。

与富士咖机一同开发完成的热风式5kg的“革命号”。从火源传导过来的热量不会将豆子表面烤焦，而是通过热风让火力慢慢地达到豆心，烘焙出纯净的风味。烘焙时可记录每一步的状态，从而更好地控制烘焙过程。

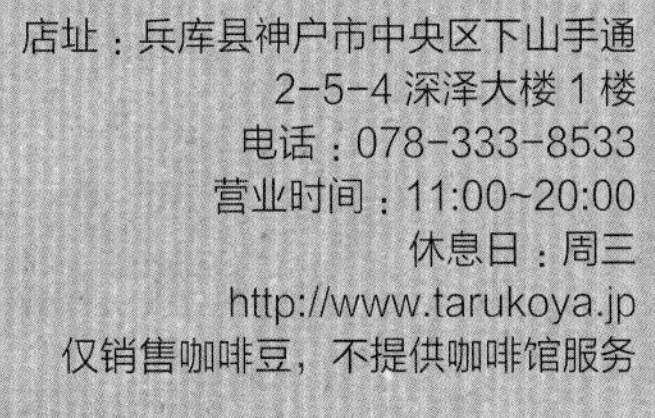

店址：兵库县神户市中央区下山手通
2-5-4 深泽大楼 1 楼
电话：078-333-8533
营业时间：11:00~20:00
休息日：周三
http://www.tarukoya.jp
仅销售咖啡豆，不提供咖啡馆服务

樽咖屋

滤纸滴滤
肯尼亚咖啡

【产地，农庄，海拔，处理方式】
肯尼亚　基安布（Kiambu） Doondu 农庄
1600m　水洗
【烘焙度】城市烘焙（city roast）
【烘豆机】Fuji Royal 热风式“革命号”5kg

通过烘焙将咖啡豆的纤维展开，通过萃取将咖啡精华提取出来

大平先生认为，用忠实“根本”的萃取法冲出的味道，才能栩栩如生地表现出豆子的品质、鲜度及烘焙度，因此比起萃取技术，忠实“根本”才是更值得重视的。正如大平先生所说，“最好事先就想好，这样的咖啡粉要用多少度的热水，要浸泡几分钟”。现在就来设想一下，假如要将咖啡粉浸泡3min，第2次注水时水温需保持在90~95℃，那么第1次注水时水温就应为95~96℃。另外，第1次注水时提高咖啡粉纤维的亲水性，做出一条水流通道，第2次注水时则从纤维的空隙中将咖啡的精华萃取出来。也就是说，烘焙是将咖啡豆的纤维完美而均匀地展开，萃取则是从纤维的空隙中将咖啡精华提取出来。

萃取数据（2人份）

- **豆量：26~27g**
- **水温：90~95℃**
- **萃取量：210mL**
- **萃取时间：3min**
- **研磨度：中度研磨**
- **磨豆机：Fuji Royal臼齿式**

- 萃取器具：Kalita 波纹系列玻璃滤杯 2~4 人份用
- 手冲壶：Takahiro 不锈钢手冲壶 0.9L
- 下壶：Kalita 玻璃下壶
- 滤纸：Kalita 波纹滤纸

滤杯
由于滤杯底部形状是凸起的，滤纸底面与滤杯底部不会完全贴合；由于滤纸有波纹，滤纸侧面也只是部分接触到滤杯侧壁。这种提供了适当空隙的结构既能维持闷蒸让热水浸透咖啡粉，又能避免热水在滤杯中积存而产生杂味，可以萃取出醇厚的咖啡。

1

由于采取忠实“根本”的萃取法，研磨度采用滤纸滴滤标配的中度研磨。轻拍滤杯侧壁，使咖啡粉表面平整。

2

注水时水柱不要碰触到滤纸，以绕 1 圈约 1s 的速度绕 2~3 圈浸湿所有咖啡粉，但需控制水量不要让咖啡液滴入下壶。冲泡 2~3 人份时，水柱大致与乌冬面一样粗细就可以了。

3

停止注水让咖啡粉膨胀。在第 1 次注水的刺激下咖啡粉的亲水性会提高。当咖啡粉从左图中光泽闪烁的状态变化为右图中膨胀萎缩且光泽消失的状态时，开始第 2 次注水。

4

冲泡 2~3 人份时，水柱维持大致与乌冬面一样的粗细，从中心开始注水。当泡沫出现时就沿着泡沫外围绕圈注水。

5

水柱不要碰到滤纸，接近滤纸时就画螺旋般绕圈返回中心。在整个萃取流程中，第 2 次注水是非常重要的，必须事先测量以确保此时的水温为 90~95℃。另外，第 2 次注水应在第 1 次注水时粉层膨胀停止后开始，目的是萃取出咖啡精华。

6

第 3 次注水。从中心开始绕圈注水，达到所需萃取量即结束。另外，第 3 次注水应在第 2 次注水的热水还未从滤杯中流尽时就开始。因为如果热水流尽，咖啡粉变凉产生冷缩，纤维就会闭锁起来，所以要趁纤维处于展开状态时，顺畅地将咖啡精华提取出来。

7

波纹滤纸的侧面如果有咖啡粉壁（见 p.014）残留，就说明萃取成功。

自家烘焙咖啡豆 隐房

基于独创理论，萃取出精品咖啡豆的美味精华

隐房仅使用高品质的精品咖啡豆，并经自家烘焙供应销售。店主栗原吉夫构建了一套关于咖啡萃取的滴滤理论，"美味咖啡"萃取法也由此诞生了。店内也经常开办面向大众的咖啡培训课，借此扩大咖啡爱好者群体。

店主 **栗原吉夫**

隐房混合咖啡

为了让人感受到"精品咖啡的妙处"而设计的原创混合咖啡。拥有美妙的香气以及绝佳的酸味、甜度，为了创作出这样让咖啡初学者也能快速认知的美味，店家花了不少功夫。

夏威夷科纳

选用最高级的夏威夷科纳咖啡豆，拥有苹果和柑橘类水果多汁感的酸味，以及天鹅绒一般的舌尖触感，绝对让人大饱口福。

店址：东京都练马区练马 4-20-3
MIYAMA 大楼 101
电话：03-6914-7248
营业时间：12:00~18:00
休息日：周二
http://www.kakurenbou.jp

自家烘焙咖啡豆
隐房

滤纸滴滤
城市烘焙
隐房混合咖啡

【产地，农庄，海拔，处理方式】
❶哥斯达黎加 El Alto（生产者） 约1890m 半日晒（pulped natural）
❷巴布亚新几内亚 Sigri 农庄 约1600m 水洗
❸埃塞俄比亚 摩卡耶加雪菲 约1800m 水洗
【配比】5 ：3 ：2（❶：❷：❸）
【烘焙度】城市烘焙（city roast）
【烘豆机】Fuji Royal 直火式 3kg

3min完成萃取，仅保留美味成分

把精力放在如何将咖啡中的美味成分有效地提取出来，而把不好的成分尽可能留在滤杯中，这就是隐房式“美味咖啡”萃取法。遵循“①均匀地”“②轻轻地”“③慢慢地”这三个原则进行注水，使热水顺畅地通过粉层，将美味成分充分提取出来。另外，由于美味成分会在萃取的前半程中溶解出来，而后就会溶解出不好的成分，所以要麻利地把萃取时间控制在3min左右。

萃取数据（2人份）

- **豆量：20g**
- **水温：90~95℃**
- **萃取量：120mL**
- **萃取时间：3 ~ 3.5min**
- **研磨度：中细研磨**
- **磨豆机：ditting（瑞士制）**

●萃取器具：KONO 手冲名人滤杯 TF20 1~2 人份用
●滤纸：KONO 圆锥形滤纸 1~2 人份用
●手冲壶：Kalita 铜制手冲壶
●下壶：HARIO 玻璃下壶
●辅助器具：沙漏

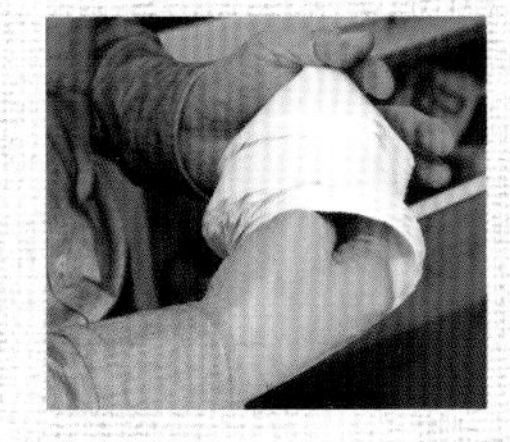

平时可将多个滤纸以展开的圆锥形状态叠放在一起，一手抵住尖端一侧，一手从敞口处向内推压旋转使其紧密贴合，然后保持这样的状态存放起来。这样使用时滤纸就会自然地贴合滤杯了。

1 煮水壶里的水沸腾后，将热水倒入手冲壶中。不专门计量温度也可以，等待水温自然地下降几度。要选用可以一滴一滴注水，且壶嘴与壶身连接部位比较粗的手冲壶。

2 尽量使用不出微粉的磨豆机，采用容易将美味成分全部萃取出来的中细研磨。

压低壶口，从较低的位置向中心一滴一滴地注入极少量的热水。感觉就像从一粒粉到另一粒粉，热水被一点点传递下去，美味成分也被一点点提取出来，保持姿势持续少量地注水。

让热水浸透全部咖啡粉，粉层膨胀起来后进行闷蒸。这时热水会渗透到咖啡粉的内部，使内部的成分变得容易析出。转动滤杯观察热水的渗透是否均匀而非偏向某一边。就是为了方便观察，所以选用了透明滤杯。

当咖啡精华液开始滴入下壶中时，从较低的位置向中心慢慢地少量注水。如果表面产生了泡沫，那其实就意味着只有起泡部分会被水柱搅拌而进行萃取，因此尽可能轻轻地注水不让泡沫产生。

在保持粉层膨胀不塌陷的状态下，继续慢慢地少量注水。可以想象热水渗入咖啡粉中，一边通过粉层一边提取出咖啡精华。为了让水流尽可能顺畅地通过，要平心静气地从较低的位置一点点地慢慢注水。

注水时注意不要让泡沫的直径超过约 26mm。持续向中心注水，保持粉层膨胀不崩塌，做出贴着滤纸的咖啡粉壁（见 p.014），咖啡粉壁也具有过滤的功能。

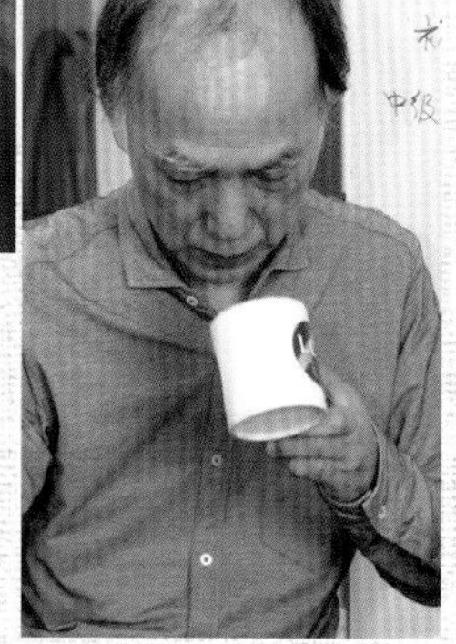

约 3min 的短时间内完成萃取，萃取量约为 120mL。之后可根据情况补加热水，依口味喜好调整做出 2 人份的咖啡。

自家烘焙咖啡豆
隐房

滤纸滴滤
高度烘焙
夏威夷科纳

【产地，农庄，海拔，处理方式】
夏威夷科纳　Cornwell 农庄　约 500m　水洗
【烘焙度】高度烘焙（high roast）
【烘豆机】Fuji Royal 直火式 3kg

轻而易举地将美味成分从较难萃取的咖啡豆中提取出来

一方面考虑保留一些酸味，一方面烘焙度稍微深一些，轻松做出这款风味绝佳的“夏威夷科纳”。由于烘焙度比城市烘焙稍浅些，咖啡成分的溶出本来就稍难些，而且下面的示例中选用了烘焙后约20d的咖啡豆，因此美味成分更难被提取出来。下面就来示范能轻而易举地将美味成分从冲泡时粉层很难膨胀的咖啡豆中提取出来的手法。

萃取数据（2人份）

- **豆量：20g**
- **水温：90~95℃**
- **萃取量：120mL**
- **萃取时间：3min**
- **研磨度：中细研磨**
- **磨豆机：ditting（瑞士制）**

- 萃取器具：KONO 手冲名人滤杯 TF20 1~2 人份用
- 滤纸：KONO 圆锥形滤纸 1~2 人份用
- 手冲壶：Kalita 铜制手冲壶
- 下壶：HARIO 玻璃下壶
- 辅助器具：沙漏

1

从较低的位置，向咖啡粉中心注入少量的水。由于是烘焙度不很深且烘焙后数日的咖啡豆，热水很快就会渗透下去，所以注水一定要适度，可慢慢转动滤杯让热水充分浸透咖啡粉。

烘焙后过了较长时间的咖啡豆，空气中的湿气易侵入内部，冲泡时粉层不容易膨胀起来，咖啡内部成分溶出也很难。为了让咖啡粉内部的成分也充分溶出，要好好地进行闷蒸。

之后的萃取和城市烘焙时一样，从较低的位置少量注入热水。为了让咖啡粉中的成分更易被提取，用手提起滤杯向滤杯的下方（重力方向）垂直甩动，这样施加压力让咖啡精华液滴落下来。这个动作应在萃取的前半程进行。

约 3min 萃取出 120mL 咖啡液时即可结束萃取，加入一些热水调整味道，做出 2 人份的咖啡。

滤纸会吸收掉部分油脂成分

用滤纸做滴滤咖啡时，滤纸本身会吸收咖啡含有的油脂成分。萃取后把滤纸上面一圈撕下来用热水浸泡，会看到被吸收的油脂成分慢慢渗出来。

让咖啡更醇厚的滤纸滴滤的小技巧

滤纸里装入咖啡粉，把上面空余的滤纸剪下来。

像往常一样萃取咖啡。

与没有剪掉空余滤纸的情况相比，就算是烘焙度较浅的咖啡也增加了黄油般丝滑的质感，做出了更醇厚的风味。左栏步骤 3 中向下甩动滤杯的做法，则是另一种让咖啡更醇厚的技巧。

店主 李容汜

百塔咖啡

将精品咖啡的特性毫无保留地表现出来

“我想把精品咖啡的酸度、甜度、风味、香气，以及极佳的口感和丰富的余味，这所有的特性都完整表现出来。”店主李容汜先生这样说。为了萃取出这样的咖啡，选用了萃取速度可以由冲泡者控制的KONO滤杯。另外，在萃取时间、注水时机等各方面都下了功夫进行统一化管理，因此无论哪个店员冲泡味道都不会有偏差。

滤纸滴滤
城市烘焙

百塔混合咖啡

一款让人喝不腻的基础型的混合咖啡。平衡极佳的甜度与酸度，恰到好处的苦味，大部分人会喜欢的甘甜后味和良好口感，全都体现在这一杯里了。

滤纸滴滤
法式烘焙

肯尼亚

这款咖啡的特征是具有杏一般的酸味和香气，以及牛奶般的甜味。而它的醇厚感又令人联想到红葡萄酒。经过法式烘焙这样的深烘焙后，部分美味成分会损失掉，为了弥补会使用较大量的豆子，并用稍低的水温小心冲泡。

店铺正中间架设的烘豆机，是Fuji Royal直火式5kg的。店家选择了非常有存在感的较罕见的红色机器。

店址：东京都丰岛区驹込3-23-14
TOKAN 驹込 204
电话：03-6903-4751
营业时间：11:00~19:00（最后下单时间）
（咖啡豆销售截止至19：30）
休息日：周三、每月第1个和第3个周四
http://www.hyaqtoh.com

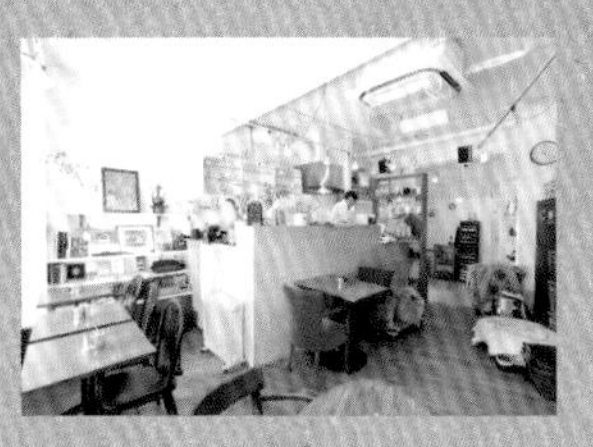

百塔咖啡

滤纸滴滤
城市烘焙
百塔混合咖啡

❶危地马拉　❷巴西　❸东帝汶　❹哥伦比亚

冲泡时通过调节水温，将咖啡豆自身的味道毫无保留地萃取出来

认为“精品咖啡应该用高温热水冲泡”的人很多。高温方式虽然能突出香气，但是若整个萃取过程都使用过高水温，就很难表现出咖啡豆本身的甜味和柔滑口感了。因此，在萃取过程中有时需要调节手冲壶内的水温，可通过开、关盖子等方式来控制水温变化，同时留心香气等各要素的均衡萃取。注水的方法是，一开始用很少量的热水萃取出核心的浓厚精华，之后再徐徐增加水量。

【产地，农庄，海拔，处理方式】
❶危地马拉　Santa Catalina 农庄　1600~2000m　全水洗
❷巴西　N.S carmo 农庄　1100m　半日晒（pulped natural）
❸东帝汶　勒特福后（Letefoho）公平贸易咖啡豆　1600m　全水洗
❹哥伦比亚　Ignacio Quintero 农庄　1850m　全水洗
【配比】3：3：2 弱：2 强（❶：❷：❸：❹）
【烘焙度】
东帝汶：高度烘焙（high roast）
其他：城市烘焙（city roast）
【烘豆机】Fuji Royal 直火式 5kg
※ 豆子的种类和配比店家会视情况而变动。

●萃取器具：KONO 手冲名人滤杯 2 人份用
●手冲壶：Kalita 咖啡达人鹤嘴珐琅手冲壶 1 L
●下壶：KONO 名门咖啡滤杯玻璃下壶 2 人份用
●滤纸：KONO 圆锥形滤纸 2 人份用
●辅助器具：计时器

萃取数据（1 人份）

- ●豆量：约 19g
- ●水温：略低于 95℃
- ●萃取量：180mL（最终端出时为 140~150mL）
- ●萃取时间：略多于 3min
- ●研磨度：中度研磨
- ●磨豆机：Fuji Royal R220

手冲壶
Kalit 手冲壶（图右）的壶口虽然形状好，但是稍微有点大了，以后打算使用这款壶口较小的铜制的手冲壶（图左）。

加热器
已倒入热水的玻璃下壶放在咖啡加热器上预热保温。为了在萃取时能集中精力，最多连续萃取两种咖啡。

1

烘焙后存放了 3d 的咖啡豆进行中度研磨，萃取前先确认一下风味。

2

为了在萃取中不让咖啡液变凉，一般会先用热水预热下壶。热水可先倒入之后要用的下壶里。

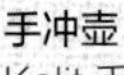

滤杯里装上滤纸，热好的下壶放在咖啡加热器（开关关闭）上，再把滤杯放在下壶上。因为每次冲泡都必须计时，所以需要一个计时器。滤纸里装上磨好的咖啡粉，左右摇动让咖啡粉表面平整。

将沸腾的热水倒入手冲壶，不要盖壶盖开始第 1 次注水。从咖啡粉的中心开始向外侧绕着直径约 26mm 的圆形转 1 圈半进行注水。闷蒸约 15s，在中心区域会出现小小的半球形膨胀。如果最开始就对全部咖啡粉进行闷蒸，这个半球内的温度会过高，之后再想降到合适的温度就难了。

开始第 2 次注水。注意不要让半球形膨胀塌陷，壶口从中心开始向外侧转 1 圈注水。特别是一开始就要有从中心开始注水的意识，不然粉层底部就很难被水浸透了。而注入的水量，大致相当于希望落入下壶中的咖啡液的量就好。由于是圆锥形的滤纸，所以可以通过注水量调整滴落下壶中的咖啡液的量。

在膨胀的咖啡粉塌陷之前，大约每间隔 10s，就重复一次这样的注水操作。大约 40s 后第 1 滴浓厚的咖啡液就落下来了。手冲壶仍然保持不盖盖子的状态，让热水逐渐下降至能够萃取出甘甜味道和柔滑口感的适合温度。

注水开始后 1.5~2min 的时间内，保持在中心区域注水，然后慢慢把注水范围向外扩大。注水方式也从绕 1 圈变成绕 2 圈及以上，这样慢慢增加圈数提升注水量。

手冲壶内的水量慢慢变少，水温也逐渐下降。为了让水温保持在 80℃，注水开始 2min 后把手冲壶的盖子盖上。

中心区域产生了白色的半球形泡沫，这就表示这部分的精华成分已经全部提取出来了。白色泡沫会慢慢扩张。注水开始 2.5min 后，把加热器的开关打开并设置为保温状态。这是为了迎合喜欢虹吸式咖啡的上了年纪的客人，以及其他喜欢热咖啡的客人。

到达所需的萃取量后，在滤杯里的水流完之前就移开滤杯，3min 多点即可完成萃取。加热器的开关打开约 1min 后，轻轻摇动下壶让咖啡液均匀混合，再倒入热好的咖啡杯里。

百塔咖啡

滤纸滴滤
法式烘焙
肯尼亚

【产地，农庄，海拔，处理方式】肯尼亚　Kirimara 农庄　1400~2000m　全水洗
【烘焙度】法式烘焙（French roast）
【烘豆机】Fuji Royal 直火式 5kg

为了弥补损失掉的美味成分，使用较多的咖啡粉来制作

法式烘焙的咖啡豆的手冲方法，基本和前面城市烘焙的咖啡豆是一样的，只是豆量、水温及萃取时间会稍有不同。深烘焙的咖啡豆往往有强烈的苦味，另外，深烘焙之后咖啡的美味成分也会损失掉一部分。若想充分萃取出美味成分，冲出一杯平衡度绝佳的咖啡，就要使用较多的咖啡豆、稍低一些的水温，以及比城市烘焙时稍长约1min的萃取时间，慢慢地将美味成分萃取出来。

萃取数据（1人份）

- **豆量：21~22g**
- **水温：92~93℃**
- **萃取量：180mL**
  （最终端出时为140~150mL）
- **萃取时间：略多于4min**
- **研磨度：中度研磨**
- **磨豆机：Fuji Royal R220**

- 萃取器具：KONO 手冲名人滤杯 2 人份用
- 手冲壶：Kalita 咖啡达人鹤嘴珐琅手冲壶 1 L
- 下壶：KONO 名门咖啡滤杯玻璃下壶 2 人份用
- 滤纸：KONO 圆锥形滤纸 2 人份用
- 辅助器具：计时器

1 豆子和城市烘焙时一样进行中度研磨。法式烘焙时豆量稍多些为21~22g。这里使用的是烘焙后放了（醒豆）约1周的豆子。

2 为了防止产生强烈的苦味，冲出柔和的甜味和苦味，用比城市烘焙时温度稍低的92~93℃的热水开始注水。冲泡方法和城市烘焙时一样，从中心开始向外侧绕直径约26mm的圆转1圈半进行注水，然后闷蒸约15s。

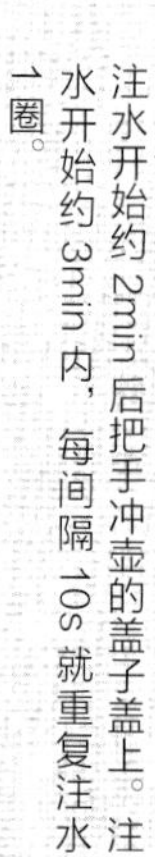

3 注水开始约2min后把手冲壶的盖子盖上。注水开始约3min内，每间隔10s就重复注水1圈。

4 过了3min后开始绕2圈注水，增加注水量。约3.5min时开始对下壶进行保温，在最后阶段继续增加注水量，在4min多点的时候完成萃取。

店主 仲野庆

豆 NAKANO

快乐地享受咖啡！通过改变器具和萃取方式展现咖啡的多面性

仲野庆先生因切身感受到“烘焙可以改变咖啡豆的味道”而领悟了烘焙的真谛，店开业前在自家磨炼技艺已超10年。论及作为咖啡豆经销商的他对咖啡最本质的想法，与其说是追求那完美的一杯咖啡，不如说是想传达出那种以平和之心轻松有趣地享受咖啡的态度。在萃取时，由于甜甜圈滤杯可以将咖啡豆的个性及注水方式的差异充分反映在味道上，从而展现出咖啡的多面性，因此成为他爱用并强力推荐的器具。有时他也用金属滤网，身体力行积极传达着“通过不同器具感受味道的变化”的乐趣。

滤纸滴滤

绿丘咖啡

水果般的酸味后，可以充分感觉到甘甜的余味，是一杯让人回味无穷的咖啡。没有杂味，即使变凉了也依旧好喝，这就是使用甜甜圈滤杯萃取的魅力。正在销售的8~10种豆子，都可以在店内饮用。

不锈钢金属滤网滴滤

绿丘咖啡

和滤纸滴滤相比味道更加清晰，由于保留了更多的微粉和油脂而口感更浓厚，可以享受到更狂野的风味。很多人一旦喝过这个味道，就觉得滤纸滴滤无法满足自己了。

店址：千叶县千叶市中央区弁天 1-1-2 Be-place 1 层
电话：090-3546-2875
营业时间：9:00~19:00
http://www.mamenakano.com

豆 NAKANO

滤纸滴滤
绿丘咖啡

【产地，农庄，处理方式】
坦桑尼亚　恩戈罗恩戈罗（Ngorongoro）奥尔德亚尼（Oldeani） Green Hill　水洗
【烘焙度】中烘焙和中深烘焙混合
【烘豆机】半热风式的手摇烘豆机
※ 烘焙时有意识地让水果般的酸味出来后再转化为甜味。在烘焙中将咖啡豆本身的甜味引出是仲野庆先生的烘焙风格。

使用甜甜圈滤杯，将咖啡豆的甜味毫无保留地萃取出来

之前在家装公司工作时遇到了甜甜圈滤杯，店主那时便因其造型美观，且萃取出的味道浓郁却干净而着迷不已。萃取时，他有效利用滤杯的特点，将在烘焙中被引出的豆子的甜味充分地表现出来。注水的关键是，使用适当的水量保持水面的高度；同样重要的是，最终水温应该是容易感受到甜味的85℃。结束萃取的环节，则可以看出他深受GLAUBELL的狩野知代先生的影响并沿袭了其手法。因为可以根据下壶内咖啡液的颜色来判断是否萃取完成，就算要改变萃取杯数等也很容易掌握结束时机。萃取出浓浓的咖啡液后，再根据喜好加热水来调整咖啡浓度。之所以未采取在萃取后段让萃取液变淡的方式来调整咖啡浓度，是因为希望做出更干净的口感。

萃取数据（1人份）

- **豆量：20g**
- **水温：85~90℃**
- **萃取量：150mL**
- **萃取时间：闷蒸后约2min**
- **研磨度：中度研磨~中粗研磨（#5）**
- **磨豆机：Fuji Royal R220**

- 萃取器具：TORCH 甜甜圈滤杯
- 下壶：KINTO UNITEA 下壶 S 400mL
- 手冲壶：Kalita 不锈钢细嘴手冲壶
- 滤纸：Melitta 环保梯形滤纸 1×4G

甜甜圈滤杯

这是为了冲出味道浓郁而不浊重，喝起来口感干净而令人舒畅的咖啡而专门开发的产品。设计上以采用美浓烧的白瓷及梯形圆锥的形状为特点。为了让咖啡粉堆得更加厚实，特意收陡了滤杯侧壁的倾斜角度，使热水通过粉层的距离更长，能够更加充分地萃取出精华成分。底部下水孔较大，内壁则设计有让留到杯壁的热水回流到粉层中心线的沟槽。

1

将梯形滤纸折叠成适合滤杯的大小。首先，将滤纸底部稍向侧边接合处倾斜地折叠一小部分（上图）。折叠面朝下，从折叠得到的底边约4cm长的位置，将侧边接合处那边的滤纸沿着顶边的弧度折叠过来（中图和下图）。不论使用哪个牌子的滤纸都可如此处理。

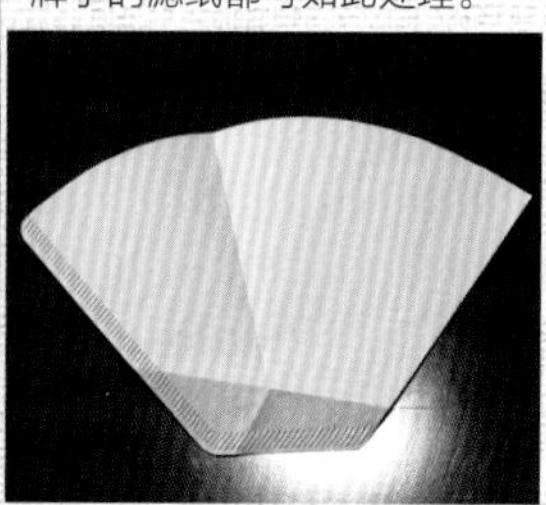

2

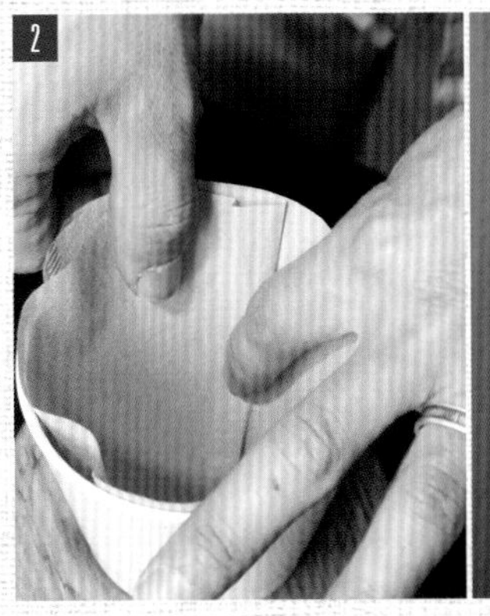

将折叠好的滤纸装在甜甜圈滤杯里，调整滤纸使滤纸和滤杯之间基本无空隙。但是如果贴合得太过紧密，则会导致纵向水流不顺畅，所以也不要把滤纸贴合得过于紧密。

3

咖啡豆磨成粉倒入滤杯中，轻轻摇动滤杯使咖啡粉表面平整。如果研磨度太细，冲泡时会慢慢产生杂味（咖啡凉后感觉会更明显），所以采用中度研磨至中粗研磨，并且粉量多一些。

4

将保温为98℃的热水倒入手冲壶中（壶中水温变为90℃），从咖啡粉中心开始像画螺旋般绕圈注水，向外侧绕圈时注意不要让水柱碰到杯壁，然后再绕回中心。这时的水量，应当和咖啡粉的体积相同，要让咖啡粉整体都被热水浸湿。

5

粉层开始膨胀后进行闷蒸。在粉层膨胀停止但还没塌陷时，再次向咖啡粉中心注水。

6

以能维持粉层膨胀高度的速度注水。如果水位涨得过高，则萃取的咖啡液的味道会变寡淡。注水方式和步骤4相同，但若水柱绕到外侧时水位已偏高，则暂时停止注水，直接回到中心重新开始。

7

快要到达需要的萃取量时，确认一下萃取液的颜色。最初是巧克力般的深黑茶色，到了这个阶段就会变成茶色，继续萃取。

8

当萃取液颜色变淡后，为了避免萃取出不好的成分，在滤杯中还残留热水时就从下壶上移开。在咖啡研习会上，也会有“犹豫不决时就移开”“就算还没到达萃取量，但是颜色已经变淡时就移开”这样的建议。若萃取液未达到所需萃取量，可以稍微加点热水来调整味道。

9

摇一摇下壶让咖啡液浓度均匀，然后再试喝一下，如果有必要可以再稍微加点热水。

豆 NAKANO

不锈钢金属滤网滴滤
绿丘咖啡

萃取数据

- ●豆量：30g
- ●水温：85~90℃
- ●萃取量：220~230mL
- ●萃取时间：闷蒸后约2min
- ●研磨度：中度研磨～中粗研磨（#5）
- ●磨豆机：Fuji Royal R220

※使用的咖啡豆同p.072。

使用不锈钢金属滤网，提升咖啡微粉和油脂的风味魅力

CHEMEX一体壶的特征是萃取速度较快且能做出口感清爽的咖啡，仲野先生认为不锈钢金属滤网能够保留油脂和微粉，从而使咖啡风味更加狂野而富有魅力。他希望能够传达出“通过不同器具感受味道的变化”的乐趣，因此他选用了能呈现出不同风味的不锈钢金属滤网来萃取。虽然味道和法压壶做出来的有些许相似，但是喝着喝着就会发现没有丝毫滞涩感，是如此“清爽而干净”。根据金属滤网所附的使用说明，闷蒸后仅需在中心区域注水，如果觉得采用这种手法味道会不太足，也可以稍微画螺旋般绕圈注水。

- ●萃取器具：Coava kone 不锈钢金属滤网
- ●手冲壶：Kalita 不锈钢细嘴手冲壶
- ●下壶：CHEMEX 玻璃手柄一体壶6人份用

美国波特兰地区的咖啡公司coava，开发了适合CHEMEX一体壶的圆锥形不锈钢金属滤网。图中是网眼比一代更细的二代（现已停产）。

1 装好金属滤网，加入研磨好的咖啡粉，轻轻摇动使咖啡粉表面平整，注入和咖啡粉体积相同的热水。豆量比平时稍多些冲出来会更好喝。

2 让咖啡粉膨胀至最高点并充分闷蒸，使咖啡粉整体都被热水浸透。

3 从中心开始向外侧画螺旋般绕圈注水。如果边缘部分注水过多，那么热水和咖啡粉会从侧面流下来，所以注水的动作只在粉层表面约1/2的面积内进行。

4 以能维持粉层膨胀高度为依据调整水量继续注水。如果注水速度过快，那么咖啡液也会被过快地萃取出来，所以一定要小心。

5 当萃取出来的咖啡液颜色开始变淡时，移走不锈钢金属滤网。试喝一下，可依喜好添加热水。萃取液会稍微有点混浊，底部也会残留有微粉。

店主 林裕之

Abri 咖啡

因精品咖啡而重现生机的滤纸滴滤和金属滤网滴滤

专注于经营精品咖啡后，烘焙和萃取的方式也随之做了较大改变。这里说的精品咖啡，可以想成含有许多优质成分的咖啡，为了萃取出不到90℃则无法溶解出来的成分，不论浅或深的烘焙都以90℃以上的热水冲泡。除了滤纸滴滤的萃取方式，点单时还可选择更能感受到咖啡油脂的金属滤网滴滤。

混合咖啡No.3

特征是清爽顺口、风味鲜明。以超赞的中烘焙的肯尼亚咖啡豆为基豆的一款混合咖啡。

特脂混合咖啡

以中深烘焙和中烘焙的肯尼亚咖啡豆为基豆的混合咖啡。与会吸收咖啡油脂的滤纸不同，黄金滤网能够将咖啡的油脂萃取出来，虽然因此咖啡液多少会有些混浊，但却拥有满溢的香气。

* 黄金滤网指网筛表层镀金的金属滤网。

混合咖啡demitasse（见p.034）杯

以危地马拉咖啡豆为基豆的混合咖啡，能品尝到如意式浓缩咖啡般的“深烘焙型甜味”。使用90℃以上的热水萃取，但苦味却很柔和。

店址：崎玉县川越市大手町 15-8
电话：049-226-8556
营业时间：10:00~19:00（最后下单时间）
周日、节假日 10:00~18:00（最后下单时间）
休息日：周二
http://abri.boo.jp

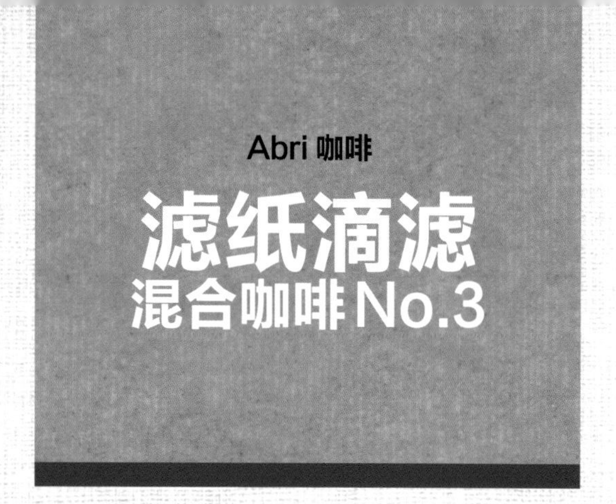

Abri 咖啡

滤纸滴滤 混合咖啡No.3

【产地，农庄，海拔，处理方式】
❶肯尼亚　Kirinyaga Ndimi 农庄　1800m　水洗
❷印度尼西亚　苏门答腊曼特宁 TABOO　亚齐（Aceh）打京岸（Takengon）　1500m　半日晒（pulped natural）
❸巴西　喜拉朵（Cerrado）沙帕当（Chapadao）　1500m　半日晒（pulped natural）
【配比】3 ∶ 1 ∶ 1（❶∶❷∶❸）
【烘焙度】中烘焙

将烘焙7d后的好咖啡豆本身的优点萃取出来

在现有的滤杯中选择能让热水流速最慢的单孔Melitta滤杯。下壶则选择容易看见刻度的Kalita下壶。烘焙完放置1周的豆子，豆中的二氧化碳气体已经基本排出，好咖啡豆本身的优点更易被萃取出来，所以不使用刚刚烘焙好的咖啡豆。

萃取数据（1人份）

- **豆量：10g**
- **研磨度：中度研磨**
- **水温：90℃以上**
- **萃取量：150mL**
- **萃取时间：3min**
- **磨豆机：Kalita Nice Cut Mill**

- 萃取器具：Melitta 滤杯
- 手冲壶：不锈钢手冲壶
- 下壶：Kalita 玻璃下壶
- 滤纸：Melitta 滤纸

水温 90℃以上，让热水淋遍所有咖啡粉，注入会有少许咖啡液滴落入下壶的水量。

所有咖啡粉被热水浸湿后，闷蒸 1.5~2min。若察觉咖啡粉膨胀状况不佳，那注水时就要格外注意让所有咖啡粉都淋上热水。

闷蒸完毕后，开始向咖啡粉中心注水。注意不要让水柱绕圈。使用 Melitta 单孔滤杯时，开始向中心注水后就一直注水，直至水面达到离滤纸上端 1cm 的位置时才停止注水。

咖啡液开始持续落入下壶，滤杯内注入的水只剩下约一半时，再次注水至水面达到离滤纸上端 1cm 的位置。

萃取量达到150mL时的萃取时间约为 3min。

萃取完成后移开滤杯，轻轻摇动下壶使咖啡液浓度均匀，再倒入预热好的咖啡杯中。

Abri 咖啡

滤纸滴滤
混合咖啡
demitasse杯

【产地，农庄，海拔，处理方式】
❶危地马拉　圣安娜（Santa Ana）弗赖哈内斯（Fraijanes）　2000m　全水洗
❷哥伦比亚　纳里尼奥（Narino）萨马涅戈（Samaniego）　1530m　水洗
【配比】2 ：1（❶：❷）
【烘焙度】趋近于法式烘焙的意式烘焙（Italian roast）
【烘豆机】Fuji Royal 半热风式 5kg

3min以上长时间的萃取，将深烘焙的甘甜提取出来

萃取量为80mL，萃取时间和普通杯一样约为3min。与普通杯（萃取量为150mL）相比，如果不以细水柱慢慢注水，那么就会过快达到萃取量而导致咖啡风味不足，所以从始至终都要保持“细而慢”的注水状态。冲demitasse杯时，可将有助于保持“细而慢”的注水状态的壶口钩片装在壶口上，有时也会采取同时转动滤杯和下壶进行注水的方式。

萃取数据（1人份）

- **豆量：20g**
- **研磨度：中度研磨**
- **水温：90℃以上**
- **萃取量：80 mL**
- **萃取时间：3min**
- **磨豆机：Kalita Nice Cut Mill**

- 萃取器具：Melitta 滤杯
- 手冲壶：不锈钢手冲壶
- 下壶：耐热玻璃量杯
- 滤纸：Melitta 滤纸

烘豆机
Fuji Royal 的半热风式 5kg 烘豆机。改造成双重锅体构造后，更趋近于热风式烘豆机。

1

这款咖啡的萃取量只有 80 mL。由于有刻度更方便观察，所以这次用量杯作为下壶来萃取。

水温 90℃以上，以细细的水柱慢慢地向咖啡粉中心注水，让热水浸湿所有咖啡粉，闷蒸 1.5 ~ 2min。

萃取到 60mL 后，用更细的水柱注水，直到萃取至 80mL。

第 2 次注水时，从咖啡粉中心向外侧将热水仿佛依序放置在粉层表面般注入。即使水柱很细，也要注意防止萃取过程过快。

将萃取液倒入预热好的咖啡杯中。根据季节不同，有时倒入热水几秒杯子就会过热，这时将萃取液直接倒入杯中即可。

萃取时用手指同时夹住滤杯和下壶。在手冲壶的壶口上加装壶口钩片，开始一滴一滴地注水。

手冲壶的位置固定，只是用手转动滤杯和下壶让热水淋遍咖啡粉表面，这也是 demitasse 杯的一种冲泡法。

Abri 咖啡

黄金滤网滴滤 特脂混合咖啡

【产地，农庄，海拔，处理方式】
❶肯尼亚　基里尼亚加山（Kirinyaga） Karimikui 处理厂　1800m　水洗
【烘焙度】中深烘焙
❷肯尼亚　基里尼亚加山（Kirinyaga） Ndimi 农庄　2000m　水洗
【烘焙度】中烘焙
❸巴西　喜拉朵（Cerrado）沙帕当（Chapadao） Sharon 农庄 1250m　水洗　阳光干燥
【烘焙度】中烘焙
【配比】1 ：1 ：1（❶：❷：❸）
【烘豆机】Fuji Royal 半热风式 5kg

使用粗研磨的咖啡粉，体现金属滤网的特点

会被滤纸吸收掉的咖啡油脂成分，在使用金属滤网时则能被萃取出来，所以金属滤网冲出的咖啡，其特点就是稍有混浊但香气四溢 。虽然也曾采用细研磨的咖啡粉，但是有的客人会很介意杯中残留的微粉，所以现在都改用粗研磨。萃取时间方面，与使用滤纸时一样约为3min，为了保证3~4min萃取完成，要相应调整咖啡豆的用量。

萃取数据（1人份）

- **豆量：12~13g**
- **水温：90℃以上**
- **萃取量：150mL**
- **萃取时间：3min**
- **研磨度：粗研磨**
- **磨豆机：Kalita Nice Cut Mill**

●萃取器具：elfo 黄金滤网杯 M 号
●手冲壶：不锈钢手冲壶
●下壶：Kalita 玻璃下壶

1

使用 Nice Cut Mill 的 #4 刻度进行粗研磨。滤网杯内装入咖啡粉，轻轻摇动滤网杯使咖啡粉表面平整。

在装好咖啡粉的滤网杯里装入内盖。内盖上打有小孔。

水温为 92 ~ 93℃。注入少量热水即停止，然后开始闷蒸。由于热水流过粉层的速度很快，所以只注入少量水即可。闷蒸时间为 2.5min，总萃取时间为 3min。用黄金滤网杯做 1 人份咖啡时，由于水流会以很快的速度流过粉层，所以要尽量让闷蒸时间长一些。若是做 2 人份咖啡（粉量 20g），即使不闷蒸也没关系。

闷蒸之后，从内盖上面大量注水。因为水是从内盖上的孔里落下去的，所以从上面注水时不绕圈也可以。

当下壶里的咖啡液达到 150mL 时移开滤杯，萃取完成。

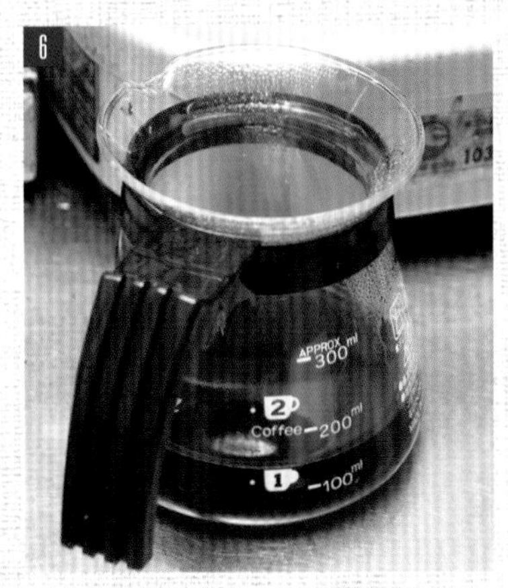

萃取 1 人份咖啡时，可以直接把下壶里的咖啡全部倒入咖啡杯，不用摇晃也没关系。但若萃取的是 2 人份，最好轻轻摇晃下壶使咖啡液浓度均匀，再分别倒入两个杯子中。

咖啡新鲜馆 东林间本店

使用与法兰绒滤布构造近似的弹簧滤架及滤纸来萃取

由于不会发生使用滤杯萃取时滤纸完全贴在滤杯上的情况，而是与法兰绒滤布的构造近似，萃取时产生的二氧化碳气体很容易排出，所以店家选用不锈钢丝缠绕而成的弹簧滤架及滤纸进行冲泡。另外，在烘焙度相同的情况下，做手冲咖啡时直火式烘焙的咖啡豆会更容易出味，所以滤纸滴滤时选用直火式烘焙的咖啡豆。

专务董事 **沼田慎一郎**

巴西

使用从巴西喜拉朵地区的 Caixetas 农庄（店家的签约农庄）原装发货的咖啡豆。咖啡新鲜馆在城市烘焙和高度烘焙之间，还界定了更加细致的烘焙度。常见的美式 8 阶段分级将烘焙度分为 8 段，城市烘焙是第 5 段，高度烘焙是第 4 段，那么这款巴西豆的烘焙度就相当于第 4.4 段。

与直火式烘焙相比，半热风式烘焙会使咖啡豆承受更多的热风，因此，即使是相同的烘焙度，其香气表现也是有差别的。若是像意式浓缩咖啡那样使用机械加压来萃取，这种差异基本可以忽略，但如果是利用自然重力萃取手冲咖啡，就必须考虑到这种差异，所以采用直火式烘焙的咖啡豆。

深烘焙混合咖啡

由巴西、哥斯达黎加及埃塞俄比亚耶加雪菲 3 种豆搭配而成。第 7 段的深烘焙可能会导致咖啡豆的一些成分流失，所以这里搭配的哥斯达黎加豆，由第 7.2 段和能保住醇度的第 6.8 段两种烘焙度组成，这样会让苦味和醇度的平衡感更佳。

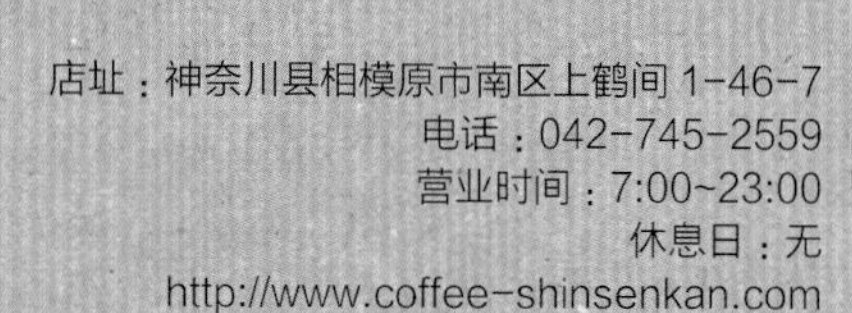

店址：神奈川县相模原市南区上鹤间 1-46-7
电话：042-745-2559
营业时间：7:00~23:00
休息日：无
http://www.coffee-shinsenkan.com

咖啡新鲜馆
东林间本店

滤纸滴滤
巴西

【产地，农庄，海拔，处理方式】巴西　Caixetas 农庄　1100 m　棚架日晒
【烘焙度】中度的中烘焙
【烘豆机】Fuji Royal 直火式 5kg

不论咖啡粉量有多少，都在3min内完成萃取

为了让咖啡的味道能够稳定再现，萃取时需要对水温进行监测。注入热水后咖啡粉中产生的二氧化碳气体，会从不锈钢弹簧滤架支撑的圆锥形滤纸中全部排放出来，所以萃取时水流方向就可以保持在圆锥形的中心线上。就算咖啡粉量有所增加，萃取时间也依然约为3min而不会有大的变化。结束萃取时，咖啡粉表面应无凹坑而呈平坦状态。

萃取数据（2人份）

- **豆量：25g**
- **水温：82℃**
- **萃取量：350mL**
- **萃取时间：3min**
- **研磨度：中度研磨**
- **磨豆机：Kalita Nice Cut Mill**

- 萃取器具：UNIFLAME 弹簧滤架（小）
- 滤纸：KONO 圆锥形滤纸 1~2 人份用
- 手冲壶：Kalita 铜制手冲壶 900
- 下壶：Kalita 玻璃下壶
- 辅助器具：温度计

不锈钢弹簧滤架的侧面是圈环状，所以当滤纸中的咖啡粉吸饱了热水膨胀起来时，它依然能够留有空隙地支撑着滤纸，这就是弹簧滤架的优点，与法兰绒滤布的萃取效果比较相近。

将中度研磨的咖啡粉装进滤纸中，轻轻摇晃使咖啡粉表面平整，再装在弹簧滤架里。通常会把滤纸接合部分折叠起来使用。

若城市烘焙的烘焙度是第5段，高度烘焙的烘焙度是第4段，那么这款咖啡的烘焙度就相当于第4.4段。萃取水温为82℃。为了能够稳定再现同样的味道，萃取前认真测量水温。

小炉灶上架上铁网，放上下壶，再将已装好滤纸和咖啡粉的弹簧滤架放在下壶上。向咖啡粉的中心缓缓地注入细细的水柱。第1次注水，应让咖啡粉整体浸湿热水，闷蒸约20s。

第2次注水，也是向中心慢慢地注水，水柱要细，以免粉层膨胀塌陷。当滤纸下端有咖啡液滴落时，就改变注水方式。

咖啡液滴入下壶中后，开始向外侧沿直径约26mm的圆形绕圈注水。此时二氧化碳气体排出并出现白色泡沫，注意注水时不要超过约26mm直径的圆形范围。

大约萃取到300mL时，点燃小炉灶。

最后一次注水，萃取到350mL。依然是沿约26mm直径的圆形绕圈注水。达到350mL后移开弹簧滤架。此时若咖啡粉表面呈平坦状态，则说明萃取成功。点燃小炉灶后，下壶内的咖啡液会产生对流，所以不用再摇晃混匀即可直接倒入预热好的咖啡杯里。

咖啡新鲜馆
东林本间店

滤纸滴滤
深烘焙混合咖啡

改变水温和研磨度来配合深烘焙

深烘焙会让咖啡豆流失部分的香味成分。为了避免出现汤色很浓味道却很淡的情况，萃取时咖啡粉的量要稍微多一点，研磨度稍微细一点，热水温度稍微高一点。萃取方法基本和之前一样，但因为豆子研磨度更细、热水温度更高，要将手冲壶的壶口稍微离咖啡粉表面近一点，并且要更平心静气地注水。

【产地，农庄，海拔，处理方式】
❶巴西　Caixetas 农庄　1100m　棚架日晒
【烘焙度】深烘焙
❷哥斯达黎加　Brumas 农庄　1500m　水洗
【烘焙度】深烘焙
❸哥斯达黎加　Brumas 农庄　1500m　水洗
【烘焙度】中深烘焙
❹埃塞俄比亚　耶加雪菲　1500m　水洗
【烘焙度】深烘焙
【配比】1 ∶ 1 ∶ 1 ∶ 1（❶∶❷∶❸∶❹）
【烘豆机】Fuji Royal 直火式 5kg

萃取数据（2人份）

- **豆量：30g**
- **水温：90~92℃**
- **萃取量：400mL**
- **萃取时间：3min**
- **研磨度：中细研磨**
- **磨豆机：Kalita Nice Cut Mill**

●萃取器具：UNIFLAME 弹簧滤架（小）
●滤纸：KONO 圆锥形滤纸 1 ~ 2 人份用
●手冲壶：Kalita 铜制手冲壶 900
●下壶：Kalita 玻璃下壶
●辅助器具：温度计

1

咖啡豆进行中细研磨，比之前冲泡“巴西”时使用的中度的中烘焙的巴西豆的研磨度还要稍细一点。2 人份的豆量也要比冲泡“巴西”时多 5g，萃取出大杯的 400mL 咖啡。

水温为90~92℃。由于深烘焙的豆子其醇厚感会在前段出现，所以用稍高一些的水温萃取余味会更加强烈。这样搭配甜点饮用时，就不会感觉咖啡的后味不够饱满。

将手冲壶的壶口靠近粉层表面，开始向中心注水。由于咖啡粉很细且水温很高，水流容易留在咖啡粉表面并向外侧流动，所以不能着急，一定要慢慢地注水。

即使已经有热水向外侧流动了，也要带着“让热水沿中心线贯穿粉层”这样的意识继续慢慢注水。当下壶里有咖啡液滴落时，暂时停止注水。

等粉层表面稳定下来后，开始第2次注水。像之前一样将壶口靠近粉层表面，缓缓地向中心注水。等气体开始排出，且泡沫圈开始变大时停止注水。

开始第3次注水，像画螺旋般绕圈注水。注水时，水柱要细，要平心静气，要注意泡沫圈外廓与滤纸内侧的距离应大于1cm，若泡沫圈扩散超出范围就停止注水。

萃取到约350mL时，点燃炉灶。和第3次注水一样继续注水，直到萃取量达到400mL。

萃取量达到400mL后移开弹簧滤架。总萃取时间约为3min。滤纸内侧处约1cm宽的环形部分不应被热水直接淋到，萃取后若粉层表面呈平坦状态，就说明萃取很成功。

店主 冈内谦治

CAFÉ FAÇON

享受到如水果般让人愉悦的酸味

"咖啡豆本身是果实的种子。我想让人们享受到如水果般让人愉悦的酸味。"带着这样的想法，店主冈内谦治先生在2008年开了这个自家烘焙精品咖啡专卖店。店里常备的咖啡豆约20种，采用法兰绒滴滤和滤纸滴滤两种萃取方式，以充分展现各种精品咖啡的鲜明个性，一般要花费8~10min进行萃取。

Birdy混合咖啡

由法式烘焙的 4 种咖啡豆混配而成。以埃塞俄比亚豆为基豆，让人感觉咖啡豆仿佛被还原成了咖啡果实，可以享受到花香系的酸味。虽然是深烘焙的咖啡豆，依然取得了醇度和酸味之间的平衡，还具有清爽干净的苦味。咖啡的萃取方式，可以从滤纸滴滤和法兰绒滴滤之间任选一种，这里主要介绍后者。

滤纸滴滤

FACON混合咖啡

以城市烘焙的埃塞俄比亚豆为基豆，再搭配危地马拉豆和肯尼亚豆，由 3 种豆子混配而成。最大限度地激发出埃塞俄比亚豆本身的清爽酸味，后味则让人觉得十分甘甜，这是该店最具人气的咖啡。

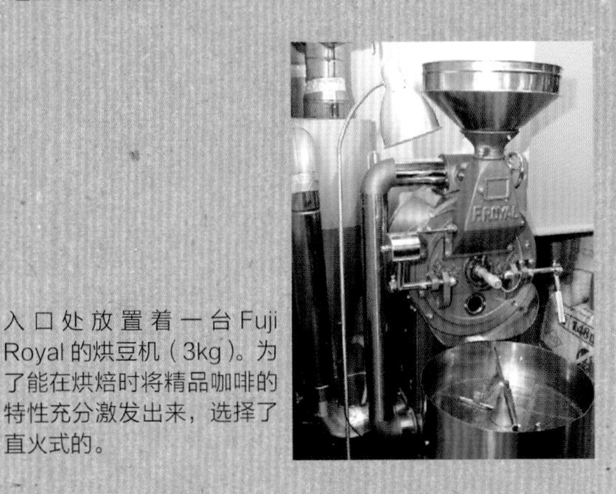

入口处放置着一台 Fuji Royal 的烘豆机（3kg）。为了能在烘焙时将精品咖啡的特性充分激发出来，选择了直火式的。

店址：东京都目黑区上目黑 3-8-3
千阳中目黑大楼配楼 3 层
电话：03-3716-8338
营业时间：10:00~23:00
休息日：无固定休息日
http://cafe-facon.com

CAFÉ FAÇON

法兰绒滴滤 Birdy混合咖啡

【产地，农庄，海拔，处理方式】
❶埃塞俄比亚　耶加雪菲 G1　2000m　阳光干燥（非洲棚架）　全水洗
❷危地马拉　Santa Catalina 农庄　1600~2000m　阳光干燥　全水洗
❸坦桑尼亚　Blackburn 农庄　1800m　阳光干燥（非洲棚架）　水洗
❹巴西　N.S carmo 农庄　1100m　阳光干燥　半日晒（pulped natural）
【配比】4 ：3 ：2 ：1（❶：❷：❸：❹）
【烘焙度】法式烘焙（French roast）
【烘豆机】Fuji Royal 直火式 3kg
※ 由于生豆进货情况随时会改变，为了维持混合咖啡的香味特征不变，店家会随时改变豆子的种类和配比。

一点一滴地萃取深烘焙豆，体现出其香醇和顺滑的特质

法兰绒滴滤的优点就在于能够将咖啡豆的油脂成分充分萃取出来，特别是对于烘焙度在城市烘焙到法式烘焙的豆子，冲出的咖啡香醇浓厚且口感顺滑。该店的习惯是，一点一滴慢慢地进行萃取。时间方面，中烘焙的豆子大约8min，深烘焙的豆子大约10min。刚开始使用的法兰绒滤布水流通过速度会较快，烘焙后放置了数天的咖啡豆会较难把成分萃取出来，因此店家会根据实时条件的变化，对萃取步骤进行微调，细心地将香味成分充分萃取出来。

萃取数据（1人份）

- **豆量：30g**
- **水温：85~92℃（基本为85℃）**
- **萃取量：100mL**
- **萃取时间：8~10min**
- **研磨度：粗一些的中度研磨**
- **磨豆机：ditting**

- 萃取器具：法兰绒滤布（手工制作）
- 手冲壶：Kalita 铜制手冲壶
- 下壶：耐热玻璃量杯 200mL
- 辅助器具：电子温度计

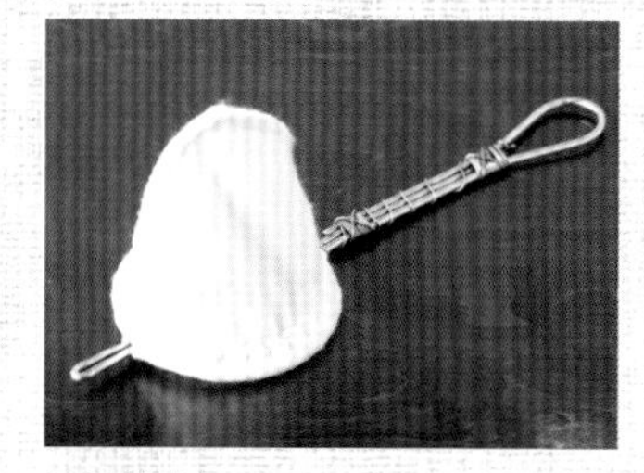

法兰绒滤布
手缝的特制法兰绒滤布，将口部调整成圆形而底端收尖，做成容易使热水通过的形状。由于底端形状较尖，所以可以做到充分萃取。该店将磨毛面作为外侧使用。由于缝线处可能会阻碍水流，所以萃取时要注意让水流保持稳定，这样才能萃取出口感顺滑的咖啡。

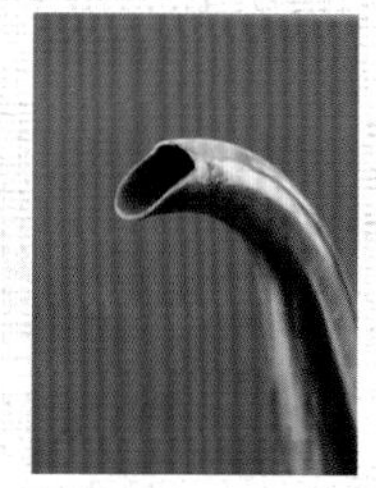

手冲壶
手冲壶的壶口形状是非常重要的。Kalita 的铜制手冲壶可以让水流以笔直的细水柱状态流出，让每个人都能轻松冲出好咖啡。

1

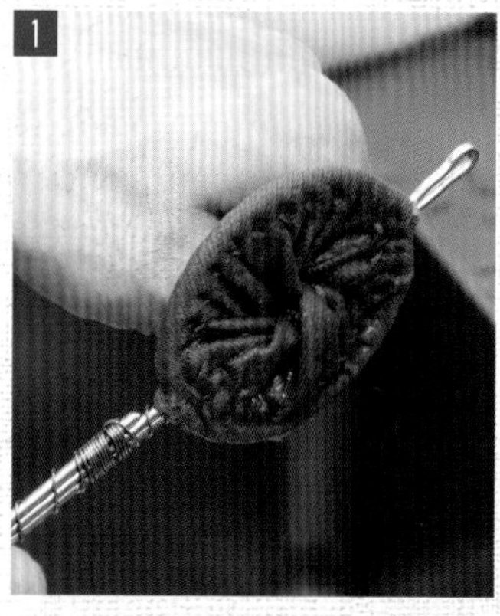

取出浸在冷水里的法兰绒滤布，用手轻柔地挤去水。把法兰绒滤布浸在水里，是因为干燥的滤布的纤维孔可能会堵塞，这样咖啡的成分就难以被萃取出来了。浸泡时使用冷水而非热水，这样才能让法兰绒的纤维孔更紧致，从而达到针对这款咖啡的理想的萃取状态。

2

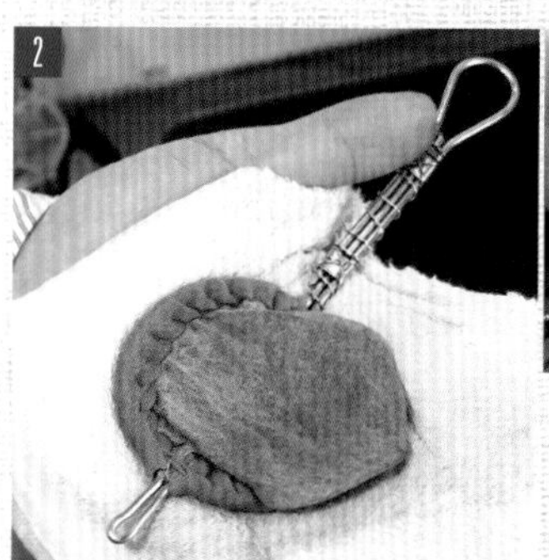

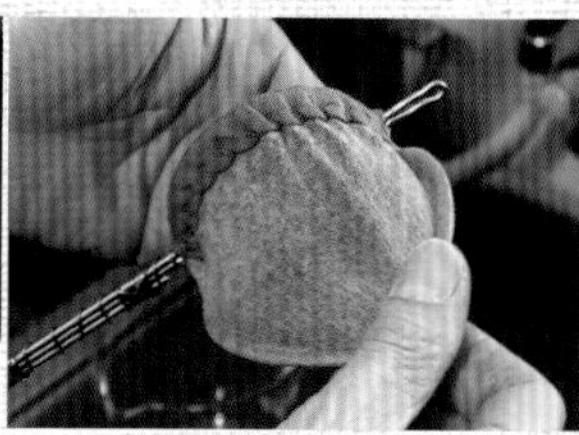

如果法兰绒滤布上残留水分，咖啡风味会受到影响，所以要用干毛巾包住滤布，并轻轻按压吸走残余水分。仔细抚平皱褶并整理好滤布的形状。

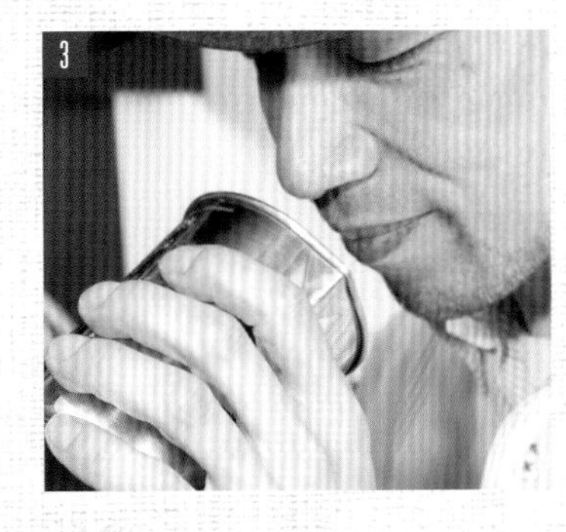

称好的咖啡豆用磨豆机进行粗一些的中度研磨，轻轻摇晃让咖啡粉混合均匀，然后闻一下以确认香气。为了明确表现出与滤纸滴滤的味道差异，使用较多的豆子以充分展现味道，最大限度地体现出法兰绒滴滤的特色。

将磨好的咖啡粉装入法兰绒滤布里，轻轻摇晃使咖啡粉表面平整。接下来将一根筷子插入咖啡粉中，轻轻搅动以排出空气，然后在中心挖一个小小的凹洞。

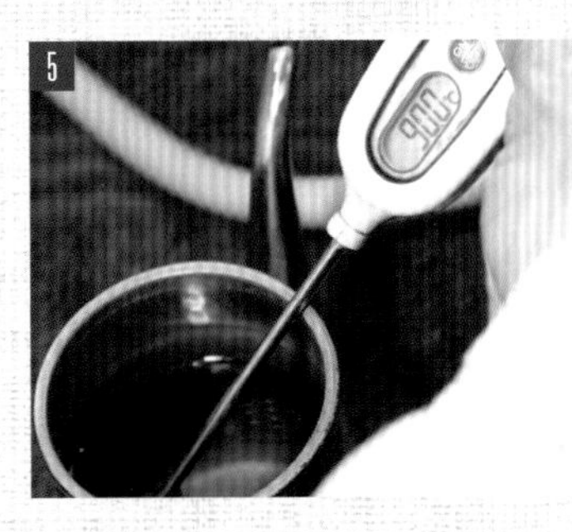

将沸腾的热水倒入手冲壶中，调整水温。根据咖啡豆的状态和烘焙度在 85~92℃范围调整水温。萃取深烘焙的豆子水温一般设为 85℃左右，但这次使用的是刚烘焙好的豆子，成分很难萃取出来，所以设定为 90℃。为了避免误差，使用电子温度计测量温度。

店主用自己喜欢的怀表计时，从咖啡粉中心的凹洞开始，向外侧像画螺旋般绕圈注水。注意不要淋到咖啡粉的边缘部分。要让热水附着在每一粒咖啡粉上，带着这种感觉动作轻柔地注水。

当咖啡粉表面开始膨胀时，停止注水，闷蒸 1 ~ 1.5min。法兰绒滤布的两侧都变成同样的茶褐色，就是咖啡粉内部被热水均匀渗透的证据。确认一下是否有甘甜的香气飘出。

当膨胀逐渐平息后，开始第 2 次注水。在中心区域沿着直径约 21mm 的圆形一滴一滴地慢慢把热水滴在咖啡粉上，这时终于萃取出第 1 滴咖啡液了。

咖啡粉表面再次膨胀起来后，暂时停止注水。当作为下壶的量杯的底部被咖啡液覆盖后（这里萃取出的是最美味的部分），同步骤 8 再次一滴一滴地把热水滴在咖啡粉上。

因为从头至尾热水都只滴在中心区域，所以就算绕圈也不会让外围的咖啡粉壁（见 p.014）崩塌。手冲壶的注水口要尽可能离咖啡粉近一点，这样咖啡粉不会承重过大，就不容易冲出杂味成分。

反复进行点滴注水和闷蒸，就这样花费 8 ~ 10min 慢慢萃取。达到萃取量后，在滤布里还残余水时就移开滤布，结束萃取。

因为萃取时间较长，咖啡会冷掉，所以倒进小奶锅里用强火快速热一下。为了不让味道和香气流失掉，锅缘刚开始滚小气泡时就立刻关火。

CAFÉ FAÇON

滤纸滴滤 FACON混合咖啡

优质咖啡豆的成分要花上8min慢慢萃取

与法兰绒滴滤一样，滤纸滴滤也是花上约8min萃取出咖啡成分。从咖啡粉中心开始慢慢注水，等咖啡粉被浸透后再次注水，这样的工序反复重复约8min。“萃取时间太长的话会很容易出现杂味”，很多人带着这样的想法而刻意避免长时间萃取，但如果使用优质咖啡豆并以适当的方式萃取，就不必太担心这个问题了。使用滤纸滴滤轻松萃取中至中深烘焙的咖啡豆，咖啡豆的种种特性都能纤毫毕现。这款混合咖啡是一次萃取出2人份的量，从而在一定程度上抑制了味道偏差的发生。

【产地，农庄，海拔，处理方式】
❶埃塞俄比亚　耶加雪菲 G1　2000m　阳光干燥（非洲棚架）　全水洗
❷危地马拉　Santa Catalina 农庄　1600~2000m　阳光干燥　全水洗
❸肯尼亚　Kirimara 农庄　1400~2000m　阳光干燥（非洲棚架）　全水洗
【配比】4 ：3 ：3（❶：❷：❸）
【烘焙度】城市烘焙（city roast）
【烘豆机】Fuji Royal 直火式 3kg

●萃取器具：KONO 手冲名人滤杯 2 人份用
●手冲壶：Kalita 铜制手冲壶
●下壶：KONO 名门咖啡滤杯玻璃下壶 2 人份用
●滤纸：KONO 圆锥形滤纸 2 人份用

萃取数据（2人份）

●豆量：30g
●水温：85~90℃（基本为90℃）
●萃取量：240mL
（供给客人时100mL为1人份）
●萃取时间：8min
●研磨度：粗一些的中度研磨
●磨豆机：ditting

1

滤杯里装好滤纸，倒入磨得粗一些的中度研磨的咖啡粉。轻拍滤杯的侧壁，使咖啡粉表面平整。

2

把沸腾的热水倒进手冲壶中，将水温调整至适合萃取的温度。中至中深烘焙的豆子多用约90℃的水来萃取，由于这次使用的是烘焙后醒豆1周的豆子，所以水温设置为较低的85℃。

第 1 次注水。按下怀表计时，从咖啡粉中心开始向外侧像画螺旋般绕圈注水，注意避开咖啡粉边缘。如果从较高的位置注水，咖啡粉表面被热水冲乱就很容易产生杂味。为了不给咖啡粉施加过大压力，要让壶口靠近咖啡粉，仿佛只是将热水放在咖啡粉表面上一样注水。

在咖啡粉表面开始膨胀起来时停止注水，闷蒸约 1min。充分闷蒸让咖啡粉表面呈现舒芙蕾般的外观，气体开始向外释放，甜味和香气也开始飘出来。

等咖啡粉表面的膨胀平息后，慢慢地开始第 2 次注水。想象着咖啡粉中心区域有个直径约 26mm 的圆，从这个圆的中心向外侧像画螺旋般绕圈注水。然后可以看到终于有咖啡液被萃取出来了。咖啡粉表面膨胀得足够高时，停止注水。

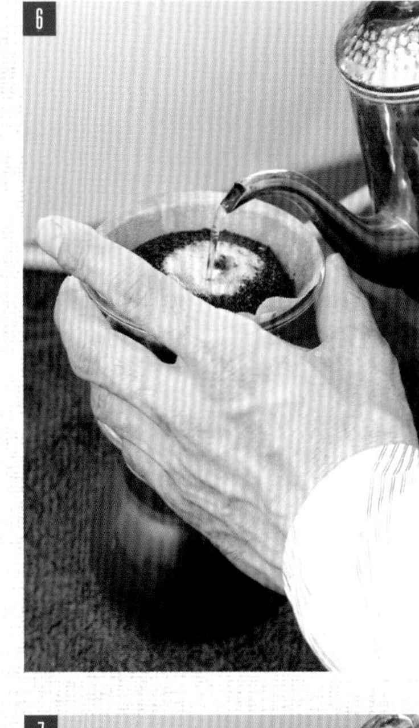

在膨胀的咖啡粉完全塌陷之前，缓慢而均匀地进行第 3 次注水。注意观察萃取出的咖啡液的状态，当咖啡液滴落的状态从点变成线时，就是注水的时机。

从最初到最后都只在中心区域直径约 26mm 的圆形范围内注水。就这样让咖啡粉整体都被热水充分浸透，咖啡豆中的涩味成分化为白色泡沫浮上来，咖啡中的香味成分则沉积下去被充分萃取。

到达萃取量后，在滤杯中还残留热水时就移开滤杯。萃取时间总计约 8min。如果周围形成的咖啡粉壁厚度均匀且没有偏移，就说明本次萃取非常成功。

Cafe Zino

以法兰绒滤布萃取极细研磨的炭火烘焙豆，确立独特的风格

店主神能得次先生在Lucky I Cremas公司参与咖啡机和萃取器具等各种咖啡相关产品的开发企划工作。他执着于使用炭火慢慢地烘焙咖啡豆，以及使用法兰绒滤布萃取出复杂风味。该店的特色就是将中深至深烘焙的咖啡豆进行极细研磨后冲泡。由于豆子从内至外都被炭火的热力烘透，所以即使是极细研磨也不会冲出涩味和杂味。

店主 **神能得次**

法兰绒滴滤

老挝

有着辛香料般的风味，烘焙后随着时光推移，风味会变换出不同的面貌。特征是口感黏稠圆润及酸味爽净。

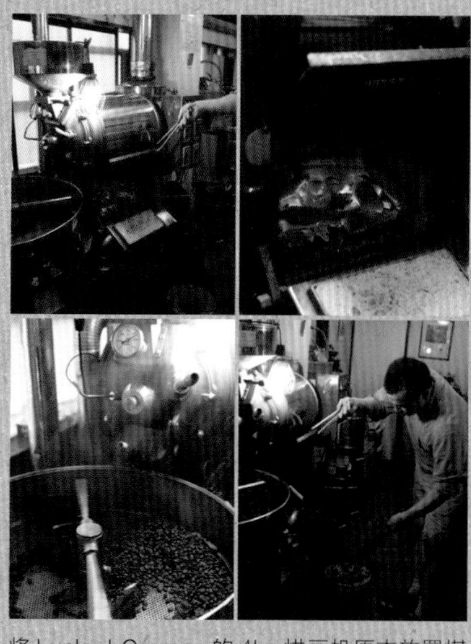

将 Lucky I Cremas 的 4kg 烘豆机原本放置煤气炉的区域扩大，改造成炭火烘焙用的样式。通过火力强劲的远红外线加热手段使咖啡豆的中心都能被充分烘烤，从而引出复杂的风味。

店址：京都府京都市北区紫野西野町 9-1
电话：075-441-5335
营业时间：周一、周五、周六 10:00~18:30
周二、周三、周四 12:00~18:30
周日 8：00~18：30
休息日：无固定休息日
http://kyotocafezino.com

Cafe Zino

法兰绒滴滤
老挝

【产地，农庄，海拔，处理方式】
老挝　波罗芬高原　Nagakurabu 农庄
1300m　水洗
【烘焙度】城市烘焙（city roast）
【烘豆机】Lucky I Cremas 炭火 4kg

好好把握第1次注水，顺畅地萃取出咖啡精华

极细研磨的咖啡粉被浸泡的时间可能偏长，容易冲出味道较重的咖啡。为了避免冲出味道过重的咖啡，就需要保证咖啡豆的品质，并利用炭火烘焙将豆子的豆心都充分烘至城市烘焙的程度。萃取技术方面，需在计算好咖啡粉吸水量的基础上，好好地把握第1次注水。让热水顺畅地从粉粒与粉粒间通过，在第2次注水至第4次注水时，才能充分地萃取出咖啡精华。另外，由于极细研磨的咖啡粉容易吸水，所以这款咖啡的闷蒸时间比较短。

萃取数据（3人份）

- **豆量：28g**
- **水温：90℃**
- **萃取量：390mL**
（供给客人时130mL为1人份）
- **萃取时间：略少于3min**
- **研磨度：极细研磨**
- **磨豆机：BONMAC BM-570N**

- 萃取器具：法兰绒滤布，Lucky I Cremas 原创滤杯 3 人份用
- 手冲壶：Takahiro 不锈钢手冲壶 0.5L
- 下壶：HARIO VCS-01B 450mL

滤杯
配合法兰绒滤布的直径制作的原创滤杯。考虑到操作和滤布洗涤的便利度，没有使用法兰绒滤布专用手持支架，而是使用了原创滤杯。

下壶
就连1杯的分量刻度，也细分为100mL、120mL、130mL，这些细节让人觉得用起来很舒服。

1

店内使用德国ROMMELSBACHER的电磁炉。可以将3个手冲壶一起放在加热圈上，分别设置成85℃、90℃、95℃。制作这款咖啡时使用90℃的热水，而制作店里的另一款混合咖啡时则使用85℃的热水，不同的咖啡使用的热水水温不同。

法兰绒滤布放入锅中煮沸后，继续泡在热水中备用。营业中要让法兰绒滤布时刻处于温热的状态。

将法兰绒滤布取出并拧干水。由于这里使用滤杯，滤布没有装在手持支架上，所以更容易拧干水。

第 1 次注水时注意控制水量，应既能让咖啡粉吸收热水，又不会让哪怕一滴咖啡液滴落在下壶中，大约只是整体注水量的两成。从第 2 次注水起，热水就需顺畅地通过粉层并萃取出咖啡精华了，所以要带着像是要用热水把粉粒和粉粒之间的缝隙结合起来的感觉去注水。神能先生最重视的是第 1 次注水。因为咖啡粉研磨得很细，所以不能长时间闷蒸，约 20s 即可。

第 2 次至第 4 次注水，把剩余的水量依照注水次数分配为 3 等份。当咖啡液开始落下后，就像画螺旋般绕圈注水。如果让咖啡粉表面受到压力冲击，热水中的咖啡粉就会过度翻动，所以要让手冲壶的壶口离咖啡粉表面近一点，慢慢注入热水。

注水方式

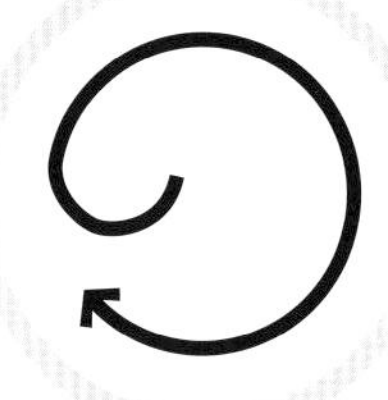

像画螺旋般绕圈注水

若最后咖啡粉表面还有泡沫残留，就说明萃取很成功。

自家烘焙咖啡 兰馆

咖啡豆、器具、技术……一切都在持续进化中，做出让人感动的咖啡

店主 **田原照淳**　业主 **田原顺子**

兰馆自创业至今已30多年，依然备受客人喜爱。第二代店主田原照淳先生，拥有2010年日本杯测师大赛（Japan Cup Tasters Championship）第1名，以及2011年世界杯测师大赛（WCTC）第3名的辉煌成绩，一边向其母亲也就是业主田原顺子女士求教，一边依靠自学来磨炼技术。为了将精品咖啡芳醇的香气和让人愉悦的质感不留余地地彻底展现出来，近来他正在深入研究关于器具的选择、烘焙、萃取等一整套的流程。

梅大路混合咖啡

这款着重于展现丝滑口感和甜味的混合咖啡，从兰馆开业至今一直是最畅销的。在巴西豆香甜及奶油般柔滑的风味中，又融入了萨尔瓦多豆和尼加拉瓜豆高品质的酸味。

店址：福冈县太宰府市五条 1-15-10
电话：092-925-7503
营业时间：10:00~19:00
（最后下单时间 18:30）
休息日：无
http://rankan.jp

并排摆放的历代磨豆机。不同的研磨形式会给风味带来很大的变化，所以要试验不同种类的磨豆机。

2006 年开始使用 PROBAT 公司的 5kg 烘豆机。店主发现，甜味、酸味、苦味都有个性且香气出众的精品咖啡，还是最适合使用欧洲产的烘豆机。

店铺里摆放的还有于 2011 年 10 月引进的号称世界首创的井上制作所的 3 段滚刀式磨豆机。由于其主刀刃（螺旋刀刃）可以在不破坏细胞的状态下粉碎咖啡豆，使细胞的横截面呈现出海绵一般展开的状态，所以其中蕴含的油脂成分就可以被充分萃取出来。这款磨豆机研磨时产生的微粉非常少，能做出味道干净、质地圆润的咖啡。用田原先生的话来说，有了它就仿佛手中握了一把上等的柳刃刀。

自家烘焙咖啡
兰馆

法兰绒滴滤 梅大路混合咖啡

【产地，处理方式】
❶巴西　黄波旁（Yellow Bourbon） 半日晒（pulped natural）
❷萨尔瓦多　水洗
❸尼加拉瓜　水洗
【配比】6 ：3 ：2（❶：❷：❸）
【烘焙度】中烘焙
【烘豆机】PROBAT L5

引入不会破坏细胞的磨豆机，充分萃取出咖啡豆的美味成分

店家用法兰绒滤布萃取时不进行闷蒸，萃取时间共40s，注水时也不让水柱像画螺旋般绕圈，而是在整个粉层表面上均匀注水，这种注水方式是田原先生对萃取的一种革新。引进新的磨豆机是为了提高研磨的品质，并花了半年时间研发出与之相适应的萃取方式。田原先生将以这种萃取方式冲泡的咖啡称为“法兰绒的浓缩咖啡”。由于可以将细胞内部存储的油脂充分萃取出来，香甜而圆润的质感也会大幅提升。同时因微粉量很少，便能呈现出干净的口感。将萃取过程分为3个分工不同的阶段，阶段的区分以法兰绒滤布落下的萃取液的颜色来判断，注水时的水量也对应分为“少→中→中大”这3个阶段。

萃取数据（1人份）

- **豆量：16g**
- **水温：90℃**
- **萃取量：150mL**
- **萃取时间：40s**
- **研磨度：粗研磨**
- **磨豆机：井上制作所 Leadmill RG-05**

●萃取器具：自制法兰绒滤布（斜纹厚布、外侧磨毛）
●手冲壶：野田珐琅 L'AMBRE 手冲壶
●下壶：KONO 法兰绒用玻璃下壶
※ 在下面的演示步骤中，为了让大家清楚看到萃取液的颜色，使用的下壶不是平时用的那款。手冲壶也不是平时用的那款。

法兰绒滤布的种类
以前使用的是平纹薄布，由于更换了磨豆机后能萃取出丰富的油脂，所以更换了网眼更细的斜纹厚布，能阻止微粉渗出，这样就能做出更易感受到香气的口感干净的咖啡。

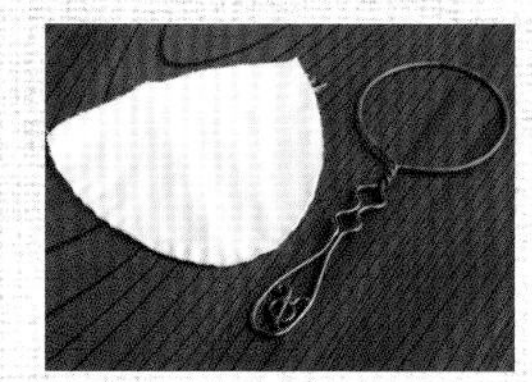

法兰绒滤布的剪裁
因为法兰绒滤布使用3d后就会发生变化，所以每天都要手缝一些新的。布料剪裁为横向具有伸缩性，如果剪裁为纵向具有伸缩性，那么冲泡时滤布的纵向伸展会改变热水通过的距离，滤布也更易偏移走样。手持支架是向雕刻师特别定制的，刻有店铺的LOGO。

1

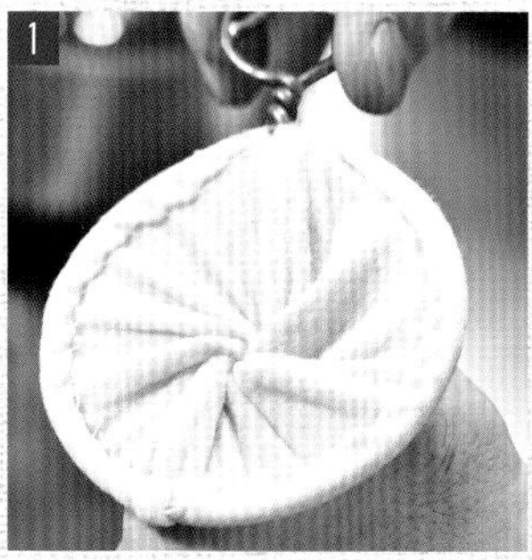

取出一直浸在水中的法兰绒滤布，一手握住手柄一手旋扭滤布把水拧干，再用干毛巾按压吸水。手指伸进滤布中整理一下形状。

2

仔细称量咖啡豆以免产生误差。浅烘焙至中烘焙使用16g，深烘焙使使用18g。这个阶段要再次确认是否混入了有缺陷的豆子。

咖啡豆粗研磨后，倒入滤布中。如果磨得太细，容易浸泡过度而产生杂味，所以选用粗研磨。使用新磨豆机研磨出的咖啡粉颗粒均匀，微粉极少。新磨豆机的另一个特征是，研磨出的银皮就如木鱼花般。由于咖啡豆的品质会如同镜子反射般直接反映在咖啡味道上，所以要选用高品质的咖啡豆，并不断追求更好的烘焙技术。

下壶中加入热水预热一下，然后架上法兰绒滤布。1.7L 的手冲壶里加入三成满（约到壶嘴内侧出水孔的中间）的开水，盖子保持打开状态，让水温降到 90℃。因为冲出的咖啡最终温度应为 70℃，所以倒推过来此时应使用 90℃的热水。如果水温过高，就冲不出顺滑的质感，风味的丰富度也会受杂味影响。

依照下图所示的注水方式移动壶口，首先要注入细细的水柱。萃取分为 3 个阶段，第 1 个阶段为避免萃取不均，要让热水将咖啡粉全部浸湿一遍。至于阶段的区分，则以法兰绒滤布落下的萃取液的颜色来判断，刚开始时萃取液的颜色接近于透明。

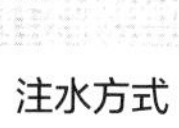

注水方式

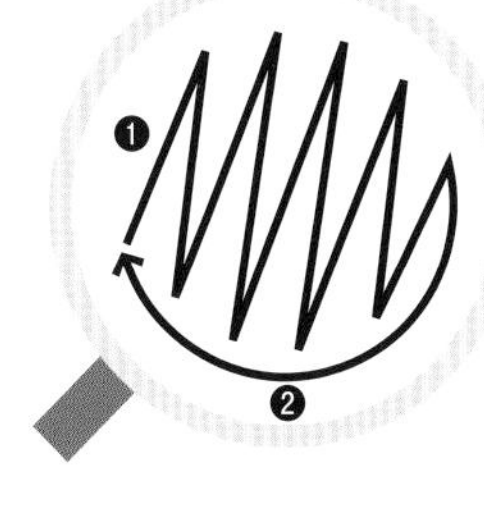

❶从一边到另一边在粉层表面画"之"字般移动水柱，让表面全部被浸湿。❷当移动到另一边后，沿着滤布边缘移动水柱直至返回原点，可起到搅拌咖啡粉的作用。从始至终一直重复❶和❷这两个步骤。咖啡豆细胞在打开的状态下，注水时就如向网里注水般，热水会顺畅地通过咖啡粉并落下来。只要能保证热水这样顺畅地通过粉层，就能萃取出应有的风味，所以注水时要如图所示使热水通过咖啡粉整体。

继续注入热水，当落下的萃取液颜色开始变浓时，注水量就由小调整至中，正式开始萃取。因为咖啡豆细胞是打开的状态，所以不用闷蒸。这时细胞内蕴藏的油脂等美味成分会被萃取出来。因为气体一次性全部排出了（图中白色泡沫部分），咖啡豆的香味就会溶入热水中。

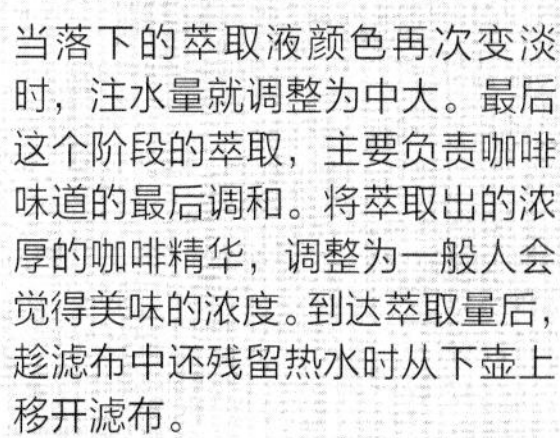

当落下的萃取液颜色再次变淡时，注水量就调整为中大。最后这个阶段的萃取，主要负责咖啡味道的最后调和。将萃取出的浓厚的咖啡精华，调整为一般人会觉得美味的浓度。到达萃取量后，趁滤布中还残留热水时从下壶上移开滤布。

如有需要可再把咖啡加热一下，倒入已经用热水预热过的咖啡杯中。萃取液透明度很高且很干净，这个优点在做冰咖啡时会格外显著。杂味产生前结束萃取，萃取时间极短，却拥有令人震惊的醇度。

COFFEE WINDY

贯彻“只有咖啡”的宗旨，追求饮用畅快感的咖啡狂的自家烘焙咖啡

这是一家以“只有咖啡的店”为座右铭的咖啡专卖店。店主伊藤幸治先生因其对咖啡研究的热情而广为人知，店内不仅有使用法兰绒滴滤制作的混合咖啡，更有将2只法兰绒滤布重叠萃取出的口味浓郁的咖啡，同时还提供其他种类的咖啡。一直以来他所追求的就是，“在口中时具有强大的存在感，然后可以唰地一下滑过喉咙的一杯美好的咖啡”。这样的咖啡就算喝两三杯也不会腻，具有极佳的平衡感。

店主 **伊藤幸治**

法兰绒滴滤

混合咖啡

巧克力般醇厚而浓郁的香味，法兰绒滴滤特有的顺滑口感，组合成了这让人心旷神怡的一杯咖啡。后味清爽明快也是它的特征之一。

法兰绒滴滤

混合咖啡的变奏曲　C38

这是店家 38 周年时特别制作的隐藏菜单产品，用 2 只法兰绒滤布重叠起来萃取并以 demitasse（见 p.034）杯供应。虽然味道香醇却并不过分厚重，能感受到多汁感的咖啡精华。

法兰绒滴滤

芳香啡

以“如大麦茶般可以咕咚咕咚畅快喝下的咖啡”为诉求。清爽的味道，交织着隐约细微的香气，唰地一下滑过喉咙。

店址：京都府京都市东山区本町 1-48 本町大楼 2 层
电话：075-561-1932
营业时间：7:00~18:00
休息日：周日、节假日
http://windy.main.jp

COFFEE WINDY

法兰绒滴滤
混合咖啡

大量使用粗研磨的咖啡粉，做出平衡感极佳的一杯咖啡

毫不吝啬地使用大量的咖啡豆进行粗研磨，慢慢萃取出香醇美味且口感清爽的一杯咖啡。不仅在第1次注水时，就连第2次注水时也要进行闷蒸，用少量热水慢慢地让咖啡粉一点点吸饱水分。另外，店家十分重视咖啡的香气，先对每种豆子进行烘焙，散热后再进行豆子的混合，接着就冷冻保存，冲泡时再使其恢复至常温，这也是该店的特色。冷冻状态下保存，豆内的二氧化碳气体就较难散发出来，可防止氧化。店家以这样的方式保存咖啡豆，并在2d之内卖完。

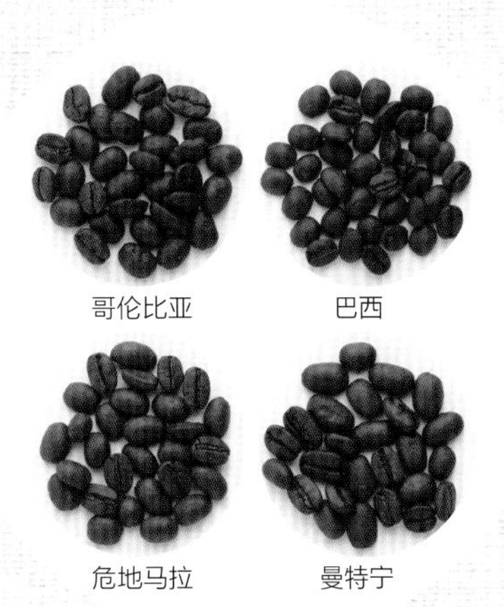

【产地，农庄，海拔，处理方式】
❶印度尼西亚　黄金鼎上曼特宁（Gold Top Mandheling）苏门答腊岛林东区　1600~1650m　阳光干燥　半水洗
❷巴西　帝王玉（Imperial Topaz）喜拉朵（Cerrado）沙帕当（Chapadao）Malcos Miyaki 农庄　1200m
❸危地马拉　圣佩德罗内克塔（San Pedro Necta）La Esperansa 农庄　1500m　阳光干燥
❹哥伦比亚 APIA　1850m　日晒
【配比】1：9：1：9（❶：❷：❸：❹）
【烘焙度】城市烘焙（city roast）至深城市烘焙（full-city roast）
【烘豆机】Fuji Royal 1kg

- 萃取器具：法兰绒滤布（手工制）
- 手冲壶：制造商不明
- 下壶：Kalita 玻璃下壶

萃取数据（1人份）

- **豆量：18g**
- **水温：90℃**
- **萃取量：110mL**
- **萃取时间：4min**
- **研磨度：粗研磨**
- **磨豆机：Fuji Royal 臼齿式**

法兰绒滤布
使用3枚法兰绒布片手工缝制而成。因为缝制完成后又回针再缝了一圈，所以耐用性很好。将布料磨毛的那一面放在外侧使用。

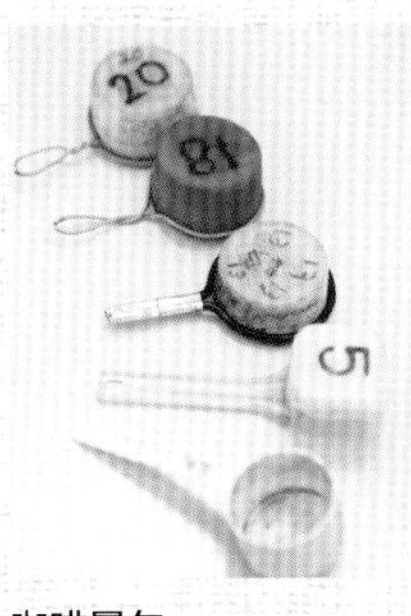

咖啡量勺
为了让操作更有效率及防止损耗而手工制作的咖啡量勺。有3g、5g、13g、18g、20g等几种容量。

手冲架
以3mm厚的亚克力板为原料自制的手冲架。台面的部分可以单独拆下来清洗。

法兰绒滤布平常就浸泡在经活性炭过滤的碱性离子水中，使用时洗净拧干，用毛巾吸干水。

在法兰绒滤布里装入咖啡粉（上），摇动法兰绒滤布（右）使咖啡粉表面平整。

第 1 次注水。在中心区域用细细的水柱注水，像画螺旋般移动手冲壶，让所有咖啡粉都被浸湿。

闷蒸 20 ~ 30s。等粉层膨胀开始塌陷，且水面下降粉层表面略干时，即可进行下一个步骤。

第 2 次注水依然用细水柱，与第 1 次注水的水量相同。要以让咖啡粉慢慢吸饱水的感觉进行注水操作。

第 3 次注水时，水柱要比之前稍粗一些，像画螺旋般绕圈注水。注水量应控制在始终让滤布中稍有热水存留的程度，直到萃取出的咖啡液达到 110mL。将萃取完成的咖啡液再倒入釉质下壶中，稍加热下再端给客人。

法兰绒滴滤
混合咖啡的变奏曲

※ 萃取器具、手冲壶、下壶基本同 p.099 “混合咖啡”。

C38

这是一杯不仅有丰富后味和干净口感，更有香醇味道的咖啡。2只法兰绒滤布重叠起来萃取，并使用大量咖啡粉。由于萃取速度会有所降低，所以每次注水的量都相应减少，通过增加注水的次数让咖啡粉一点点地吸饱水分。

萃取数据（1人份）

- ●豆量：20g
- ●水温：90℃
- ●萃取量：50mL
- ●萃取时间：4min
- ●研磨度：粗研磨
- ●磨豆机：Fuji Royal 臼齿式

1 将2只法兰绒滤布均磨毛面向外地重叠在一起，装入20g的粗研磨咖啡粉。

2 第1次注水与“混合咖啡”（p.099 ~ 100）的操作相同，闷蒸20 ~ 30s。

3 控制着让热水水柱变得极细，进行第2次至第10次注水。从滤布滴入下壶的萃取液应呈一滴一滴的状态。

C40

“接下来再来一杯更醇厚的咖啡吧。”因这个想法在开业40周年之际开发了这款咖啡。与“C38”一样使用2只法兰绒滤布，但在2只滤布之间，又加入3枚剪成圆形的法兰绒布片。萃取方法与“C38”一样，冲出的咖啡香气更复杂、醇度更高。

萃取数据（1人份）

- ●豆量：30g
- ●水温：90℃
- ●萃取量：50mL
- ●萃取时间：4min
- ●研磨度：粗研磨
- ●磨豆机：Fuji Royal 臼齿式

1 用平常使用的法兰绒剪出3枚圆形的布片（左上），磨毛面向下将3枚布片重叠起来（右上）。重叠好的3枚圆形布片放入法兰绒滤布里（左下），然后上面再套入1只法兰绒滤布（右下）。

2 倒入30g粗研磨的咖啡粉。

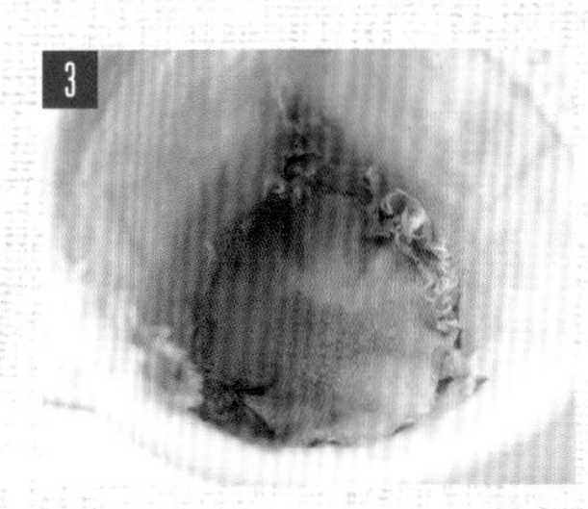

3 萃取完成后，拿开上面的法兰绒滤布，可以看到圆形法兰绒布片上积存有微粉。

COFFEE WINDY

法兰绒滴滤
芳香啡

【产地，农庄，海拔】
巴西 帝王玉（Imperial Topaz） 喜拉朵（Cerrado） 沙帕当（Chapadao） Malcos Miyaki 农庄 1200m
【烘焙度】城市烘焙（city roast）
【烘豆机】Fuji Royal 1kg

萃取数据（1人份）

- **豆量：13g**
- **水温：90℃**
- **萃取量：200mL**
- **萃取时间：3min**
- **研磨度：粗研磨**
- **研磨器：Fuji Royal 臼齿式**

如大麦茶般可以咕咚咕咚畅快喝下的清爽的冰咖啡

“既然已经有了风味醇厚的咖啡，那么如果再有一杯如大麦茶般可以咕咚咕咚畅快喝下的咖啡，也很不错呢。”伊藤先生就是基于这种想法开发了这款咖啡。伊藤先生希望它“具有爽健美茶般的清爽口感”。为了让香味成分更具活力，咖啡豆使用了巴西帝王玉。在闷蒸之后，再注水2次即迅速完成萃取，咖啡液直接滴落在装了冰块的玻璃杯中。

- 萃取器具：法兰绒滤布（手工制品）
- 手冲壶：制造商不明

1 在滴滤架上装好法兰绒滤布，下方放置装了冰块的玻璃杯。滤布里装上 13g 咖啡粉，并使其表面平整。

2 注入细细的水柱，闷蒸 20~30s。

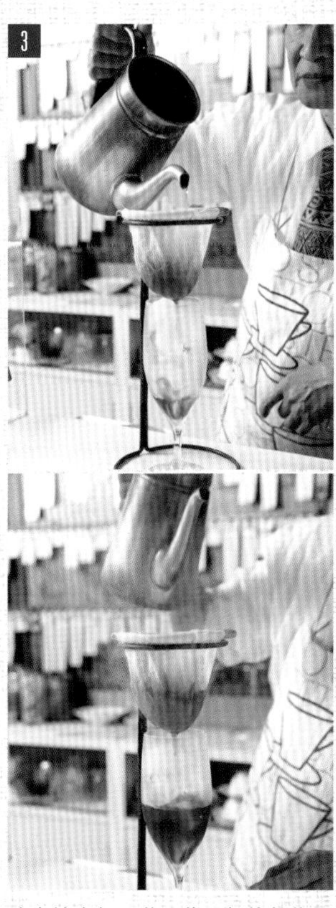

3 让水柱变粗一些，像画螺旋般绕圈注水 2 次进行萃取。

4 用搅拌棒搅拌落入玻璃杯中的咖啡液，使其快速变凉。

店主 **广井知亨**

广屋咖啡店

以细致入微的态度，传承咖啡专卖店中专业的法兰绒滴滤

店主广井知亨先生曾在大阪梅田的兰馆、箕面的DANKE研修十几年，后独立开店。他以直火远红外线烘焙，再以法兰绒滤布冲泡，属于传说中的咖啡职人襟立博保先生的流派。“比起风味的平衡感，更想要突出咖啡的浓度、香醇及层次感，因此使用能够去除杂味且能体现圆润口感的法兰绒滤布最合适。”他创作了混合3种咖啡豆的2款混合咖啡，以及1款“混合咖啡demitasse（见p.034）杯”，尽显法兰绒滴滤的妙趣。

广屋混合咖啡　中口

富含香气的苦味和清爽干净的后味是其魅力所在，这是该店的镇店之宝。与丝滑口感共存的，是那充溢于口中的香醇味道。

混合咖啡demitasse杯

与黏滑的质感共存的，是满溢出的黑砂糖般的甘甜和芳醇的香气。这款咖啡端给客人时不再另附砂糖和牛奶。

广屋混合咖啡　浓口

以口感香醇的曼特宁咖啡豆为基豆的深烘焙的混合咖啡，鲜明的苦味和厚重的香气给人留下深刻印象。

烘豆机是加装有远红外线装置的特制机型。混合咖啡使用的咖啡豆，每个品种均分别进行烘焙。基本采用在2爆前后出炉的深烘焙，烘焙度最深的曼特宁在2爆之后还要再烘焙4min。咖啡豆烘好后需放置2~3d后再使用。

店址：西宫市天道町26-10
电话：0798-65-6602
营业时间：11:00~23:00
休息日：周二
http://www.hiroya-kaffee.com

广屋咖啡店

法兰绒滴滤

沿袭老牌咖啡店的做派，表现强烈浓厚的风味特征

被法兰绒滴滤的浓厚风味所吸引的广井先生，沿袭堪称大阪自家烘焙咖啡先驱的兰馆的做派，专注研发风味强烈浓厚的咖啡。“对法兰绒滤布来说，温度管理是最重要的事”，要根据烘焙度对水温进行微调，并给手冲壶加装壶口钩片，精益求精地进行注水操作。浓口混合咖啡与“混合咖啡demitasse杯”配豆相同，想要表现出不同的风味就只能从萃取下手，日常制作时一定要重视对注水量的稳定控制。

●萃取器具：Hario 法兰绒滤布（单线缝制、外侧磨毛）
●手冲壶：YUKIWA 不锈钢手冲壶
●下壶：Kalita 玻璃下壶 300mL
●辅助器具：温度计

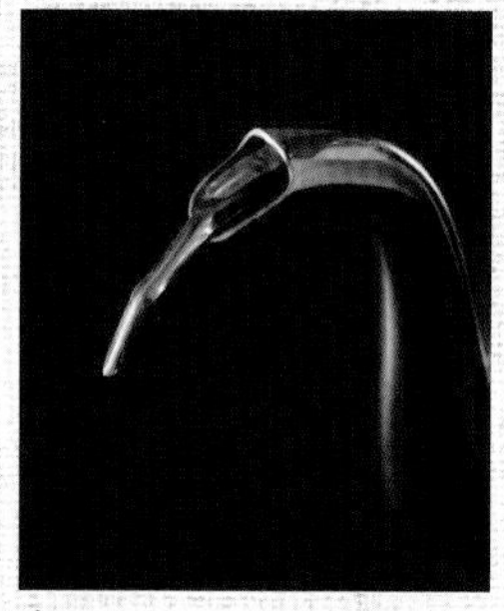

壶口
给手冲壶的壶口加装壶口钩片，可以让水柱变得更细，更易进行点滴式的注水。

温度计
与兰馆相同，使用原本用来测肉类内部温度的温度计来测量水温。

广屋混合咖啡　中口

【产地，农庄，海拔，处理方式】
❶哥伦比亚 APIA SUPREMO ESPECIAL　1850m　阳光干燥　水洗
❷巴西　Monte Alegre 农庄　1000~1100m　阳光干燥　半日晒（pulped natural）
❸印度尼西亚　林东曼特宁 TOBAKO　1400~1600m　阳光干燥　苏门答腊式
【配比】1：1：1（❶：❷：❸）
【烘焙度】法式烘焙（French roast）
【烘豆机】Fuji Royal 直火远红外线 5kg

萃取数据（1人份）

●豆量：13g
●水温：80℃
●萃取量：150mL
●萃取时间：3min
●研磨度：偏细的中度研磨
●磨豆机：BUNN

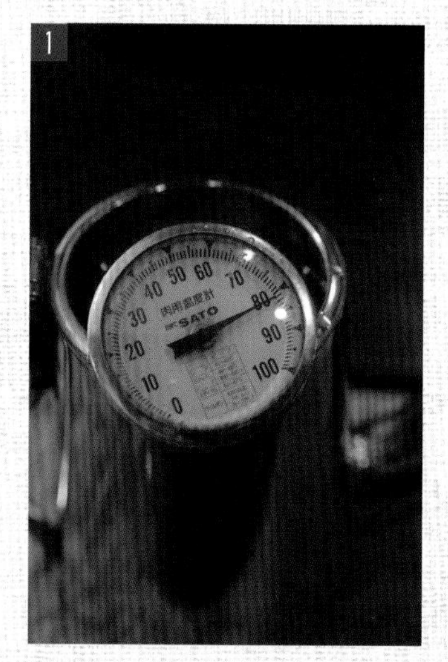

1 把纯净水加热至沸腾后倒入手冲壶中，水温保持在80℃。因咖啡豆烘焙度较深，热水温度要稍稍调低一点。

使用 Hario 法兰绒滤布。每天都要将滤布在沸水中煮一下，使用前刷洗一下并拧干水。研磨好的咖啡粉装入法兰绒滤布中，轻轻叩打滤布边缘，使咖啡粉表面平整。

第 1 次注水时，先从咖啡粉中心缓缓地注水，然后慢慢扩大注水范围，如画螺旋般缓缓绕圈注水。水柱的粗细应与壶口钩片的宽度保持相同。如果壶口距离咖啡粉表面太远，水柱就容易搅乱粉层内部，所以应把壶口放低，如同把热水轻放在咖啡粉表面上那样进行注水。

第 1 次注水完成后，像是要让热水浸透法兰绒滤布似的，闷蒸约 30s。这时还没有咖啡液滴落下来。

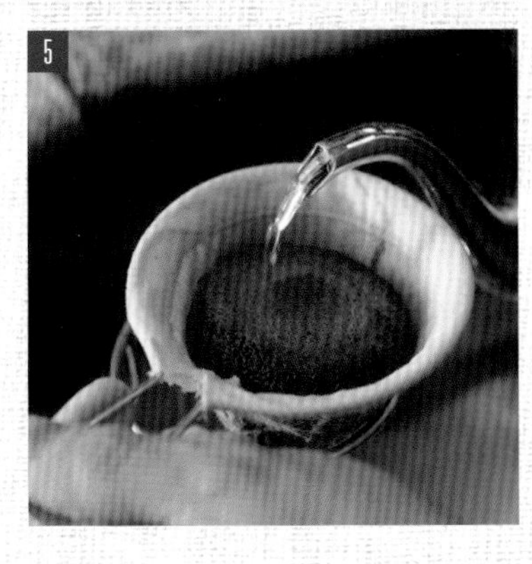

闷蒸完毕后，开始第 2 次注水。先从咖啡粉中心注水，然后绕圈注水使咖啡粉整体淋到热水。第 2 次注水的水量，应控制在萃取出略少于半杯的咖啡液的程度。

第 3 次注水及之后注水时，留意不要让水面高度超过第 2 次注水时粉层膨胀的高度，依然采用从中心开始向外侧绕圈注水的方式。水柱要比第 1 次及第 2 次注水时稍微粗一些。

第 4 次注水时，萃取出的咖啡液会变淡，此次注水仅是为了调整萃取量。

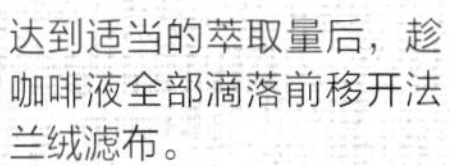

达到适当的萃取量后，趁咖啡液全部滴落前移开法兰绒滤布。

萃取后咖啡粉的状态如图所示。粉层从边缘向中心逐渐凹陷，沿着滤杯边缘形成一圈咖啡粉壁（见 p.014），这种状态就说明萃取很成功。

广屋混合咖啡　浓口

【产地，农庄，海拔，处理方式】
❶哥伦比亚 APIA SUPREMO ESPECIAL　1850m　阳光干燥　水洗
❷埃塞俄比亚　摩卡耶加雪菲　1800~2350m　阳光干燥　水洗
❸印度尼西亚　林东曼特宁 TOBAKO　1400~1600m　阳光干燥　苏门答腊式
【配比】1 : 1 : 2（❶ : ❷ : ❸）
【烘焙度】法式烘焙（French roast）
【烘豆机】Fuji Royal 直火远红外线 5kg

萃取数据（1人份）

- **豆量：20g**
- **水温：80℃**
- **萃取量：130mL**
- **萃取时间：6min**
- **研磨度：偏细的中度研磨**
- **磨豆机：BUNN**

手冲壶的水温和磨豆机的设定与做中口混合咖啡时相同。
※ 图中为萃取 2 人份，使用的是 3 ~ 4 人份的法兰绒滤布。

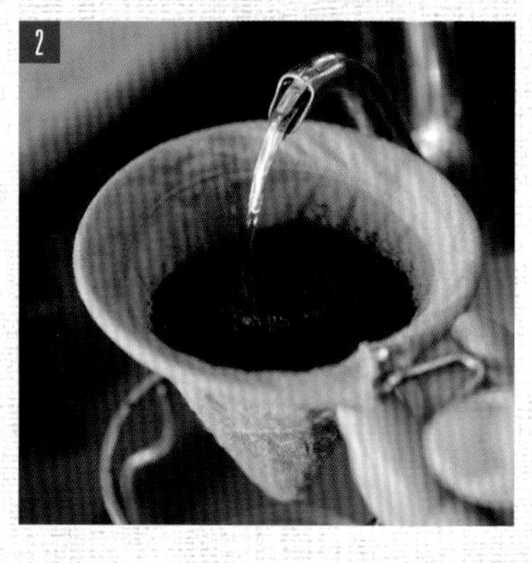

与做中口混合咖啡时相同，第 1 次注水从咖啡粉中心开始，然后慢慢扩大注水范围，如画螺旋般缓缓绕圈注水。留意不要让水柱发生偏移或扭曲，否则会让咖啡粉产生不必要的搅拌。

闷蒸约 30s 后开始第 2 次注水，之前做中口混合咖啡时第 2 次注水能萃取出近半杯的咖啡液，但做浓口混合咖啡时水柱则要更细一点，要以更少的水量注水。整个萃取过程总共要注水约 8 次。

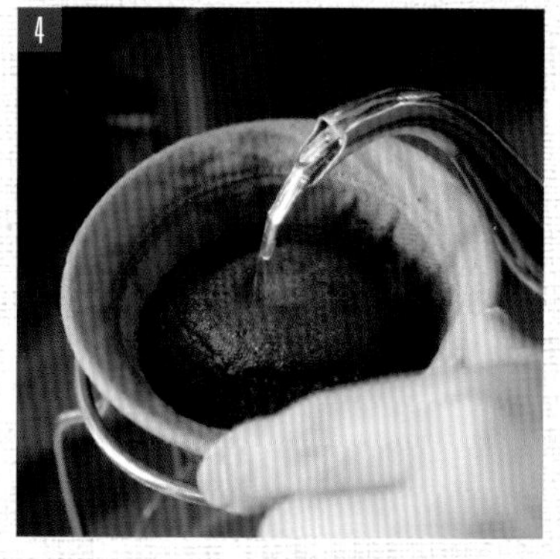

第 3 次注水及之后的注水，注水量与第 2 次注水时基本相同。每次注入的水量都很少，咖啡粉慢慢被热水浸透，咖啡液会一滴滴地落下来。

注水位置基本保持在咖啡粉中心，要以把热水轻放在咖啡粉表面上的感觉缓缓地注水。

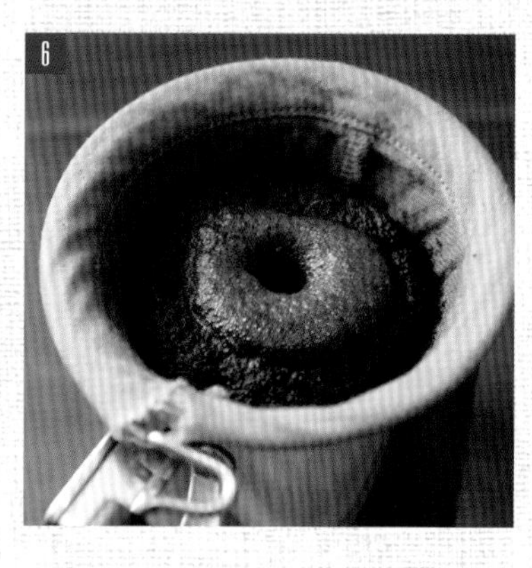

就这样向咖啡粉中心缓缓注水，让咖啡粉慢慢被浸透，萃取完成后粉层中心会出现一个细细的孔洞，孔洞周围聚集着泡沫。

混合咖啡demitasse杯

【产地，农庄，海拔，处理方式】
❶哥伦比亚 APIA SUPREMO ESPECIAL　1850m　阳光干燥　水洗
❷埃塞俄比亚　摩卡耶加雪菲　1800~2350m　阳光干燥　水洗
❸印度尼西亚　林东曼特宁 TOBAKO　1400~1600 m　阳光干燥　苏门答腊式
【配比】1 ： 1 ： 2（❶：❷：❸）
【烘焙度】法式烘焙（French roast）
【烘豆机】Fuji Royal 直火远红外线 5kg

萃取数据（1人份）

- **豆量：35g**
- **水温：80℃**
- **萃取量：30mL**
- **萃取时间：20min**
- **研磨度：细研磨**
- **磨豆机：BUNN**

研磨度要比中口混合咖啡和浓口混合咖啡更加细一点。

壶口离咖啡粉稍微有一点距离，一点一滴地向中心注水。

保持点滴注水的状态，缓缓移动法兰绒滤布，让热水滴落的位置慢慢向外侧绕圈移动。

持续点滴注水，让咖啡粉整体都被热水浸湿，在萃取出第 1 滴咖啡液时稍稍闷蒸一会儿。

壶口靠近咖啡粉，边缓缓移动法兰绒滤布，边以同样的节奏持续点滴注水。

为了长时间保持以同样节奏稳定地点滴注水的状态，可夹紧腋下使肘部紧贴在腰部，从而使手冲壶保持在固定高度上。

萃取完成后，咖啡粉表面应呈平坦状态，几乎没有泡沫残留。

王田咖啡专卖店

创意十足的法兰绒滴滤咖啡，兼具醇厚的风味及鲜明的甜味和香气

店主王田洋晶先生说："就算多花点时间，也想让人喝上一杯能体现咖啡豆本质的咖啡。"深烘焙后的咖啡豆在常温下花3周时间进行熟成，1杯就要奢侈地用掉35g这种咖啡豆的"王田混合咖啡"，其醇厚的风味赢得许多客人的狂热喜爱。店内还提供使用85g豆子的"混合咖啡demitasse（见p.034）杯"，在近年来偏好追求清爽风味的潮流中，也真是稀有的存在。

店主 王田洋晶

王田混合咖啡

具有如利口酒般的芳醇口感，是让人印象深刻的招牌咖啡。以趋近于体温的温度提供给客人，更易品尝出风味。醇厚的味道中，蕴藏着令人欢愉的甜味和香气。

店主爱用的手转式烘豆机。生豆一定水洗后才进行烘焙，然后在常温下用 3 周的时间进行熟成。为了体现出焦糖般的"直白的甜味"，要充分地排出二氧化碳气体，这样萃取时咖啡粉更易被热水充分浸透。

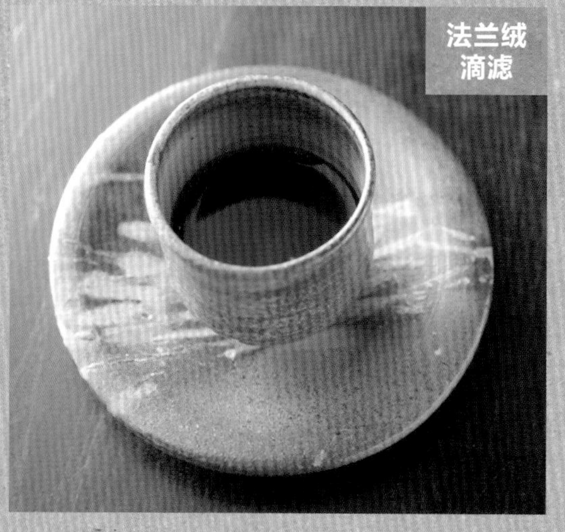

混合咖啡demitasse杯

醇厚的味道中，香气愈发突出，有着香料般的风味和焦糖般的甜味，"一点点慢慢地品尝吧"，咖啡凉了后又会呈现别样的风味。

店址：京都市中京区御幸町通夷川上松本町 575-2
电话：075-212-1377
营业时间：周日至周四 11:00~23:00（最后下单时间）
周五、周六及节假日前一天 11:00~24:00（最后下单时间）
休息日：周一（节假日正常营业）
http://coffee-senmon.jugem.jp

王田咖啡专卖店

法兰绒滴滤

萃取时将深烘焙咖啡豆那“直白的甜味”体现出来

“想追求只在东京的咖啡店里才喝到过的，具有香甜味道与黏滑口感的深烘焙咖啡。”为了追求理想的风味，王田先生从萃取方法，到咖啡豆的烘焙和生豆的选择，一路追根溯源地探索过去。特别是在萃取方法上，他最重视的就是闷蒸的过程。“最初萃取出来的那部分咖啡液就是一切，一定要谨慎认真地萃取。”不管是便于观察法兰绒滤布的镜子，还是接近球体的自制法兰绒滤布等，缜密研究的基础上再结合独创秘诀，处处都体现出只有专卖店才有的独特个性。

- 萃取器具：法兰绒滤布（单线缝制、外侧磨毛）
- 手冲壶：YUKIWA 不锈钢手冲壶
- 下壶：Kalita 玻璃下壶 300mL
- 辅助器具：温度计

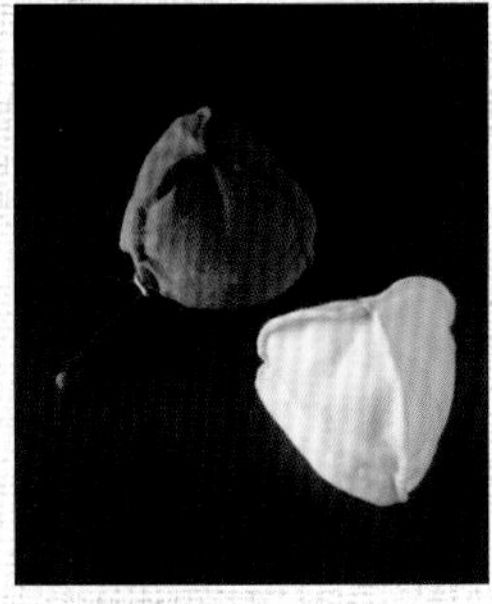

法兰绒滤布

经过反复试验，终于在开店的前一年完成的自制法兰绒滤布。为了让它的形状尽可能接近球体，使用了 3 枚布片，使用前先将厚重的布料用咖啡粉熬煮一下。

镜子

开店之初，在萃取时发生过热水浸透不均匀的状况，因此后来在萃取时使用了可以看到滤布另一侧状态的镜子。冲泡时会将镜子放置在合适位置，以便萃取时随时确认法兰绒滤布的状态。

王田混合咖啡

【产地，农庄，处理方式】
❶巴西　Das Flores 农庄　日晒
❷巴布亚新几内亚　Sigri 农庄　水洗
❸危地马拉　阿瓜布兰卡（Agua Blanca）　水洗
【配比】3 ：4 ：3（❶：❷：❸）
【烘焙度】法式烘焙（French roast）
【烘豆机】半热风式 1kg

萃取数据（1人份）

- **豆量：35g**
- **水温：80~83℃**
- **萃取量：110mL**
- **萃取时间：10min**
- **研磨度：偏细的中度研磨**
- **磨豆机：Fuji Royal R440**

1 在电磁炉上放上装有热水的锅，将下壶放入热水中加热。萃取结束后不用再次加热，保持合适的温度即可。为了在萃取时能看到滤杯的另一侧，在锅前放置镜子。

2 把水壶里的热水倒入手冲壶中，水温调整到 80~83℃。

3 咖啡豆烘好后，随着时间变化其状态也在逐渐变化，所以可根据冲泡当天豆子的状态对混豆配比稍做调整。

为了萃取出甘甜浓稠的咖啡液，使用偏细的中度研磨，将磨好的咖啡粉装入滤布。最开始注水时，向咖啡粉中心滴入一连串的水滴。

稍稍转动滤杯，让热水浸湿所有咖啡粉，并视咖啡粉的状态来调整闷蒸过程。因为咖啡豆已放置3周，二氧化碳气体已经充分排出，所以粉层不太膨胀的状态是良好的。

为避免混入未充分萃取出精华成分的咖啡液，这个阶段不能以水柱注水，而应像把热水放在咖啡粉表面上那样，以接近“点”的状态慢慢滴水。

为了萃取出浓厚的咖啡精华，在咖啡液落下前一定要闷蒸彻底。这时可根据滤布的颜色来判断热水浸透的程度，通过镜子来观察滤布的另一侧是否已被热水均匀渗透。

只在咖啡粉的中心区域滴水，同时转动滤杯，让热水尽可能地浸透粉层较厚的部分，这样咖啡液的浓度才会高。

稍微加快注水速度，让水流形成一条细细的线。同时稍稍提升锅中水的温度。

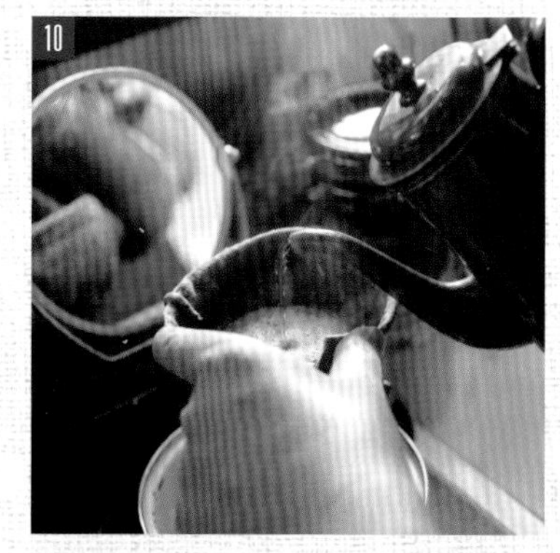

慢慢地将咖啡精华萃取出来后，接下来就会萃取出杂味，所以最后要哗啦一下绕圈注入大量热水，调整好萃取量即可结束萃取。

萃取完成后，咖啡粉表面没有凹洞，且泡沫都集中在中心区域，就说明萃取很成功。

混合咖啡demitasse杯

【产地，农庄，处理方式】
❶巴西　Das Flores农庄　日晒
❷巴布亚新几内亚　Sigri农庄　水洗
❸危地马拉　阿瓜布兰卡（Agua Blanca）　水洗
【配比】3：2：5（❶：❷：❸）
【烘焙度】法式烘焙（French roast）
【烘豆机】半热风式1kg

萃取数据（1人份）

- **豆量：85g**
- **水温：80~83℃**
- **萃取量：50mL**
- **萃取时间：10min**
- **研磨度：偏细的中度研磨**
- **磨豆机：Fuji Royal R440**

根据烘焙好的豆子在冲泡当天的状态，可能需要对混豆配比稍做调整。这次就稍微提升了危地马拉咖啡豆的占比。

与“王田混合咖啡”相同，最开始时一点一滴地进行注水，让热水浸湿所有咖啡粉，进行闷蒸。闷蒸后，则以咖啡粉中心区域为重点进行注水。因为咖啡豆烘焙后放置了3周，二氧化碳气体已经充分排出，所以粉层不太膨胀的状态是良好的。

与步骤2相同，不改变水柱的粗细，集中向中心区域注水。第1滴咖啡液会在这个阶段滴落。

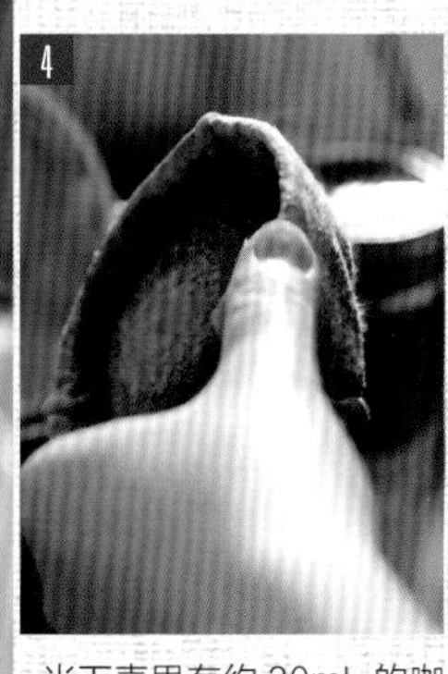

当下壶里有约30mL的咖啡液时，要确认一下法兰绒滤布的底部，检查热水渗透有无偏差。

热水渗透的情况也可能因时而变，所以必须要进行微调。观察一下比较浓的咖啡液是从哪个位置滴落的，然后据此调整滤杯的角度。

萃取完成后，咖啡粉表面没有泡沫，且呈平坦状，就是最理想的状态。

中塚茂次

不可不知的原创咖啡包

只要有杯子和热水，利用超人气的咖啡挂耳包，即使没有萃取器具也能轻松享受手冲咖啡。近年来，除了大型企业，也有越来越多的自家烘焙咖啡专卖店，把挂耳包作为扩大销路、提升店铺魅力值的利器，和咖啡豆销售业务一同发力。在这里，我们请到了积极倡议并致力于将咖啡相关产品PB(private brand，即定制品牌)化的三洋产业的中塚茂次先生，为大家介绍原创咖啡挂耳包的制作方法，并解答相关的诸多疑问。

Q 咖啡包有哪些种类?

咖啡包有如同茶包般直接放入杯中用热水浸泡的“咖啡滤泡包”、用两个挂钩挂在杯子上冲泡的“双挂咖啡挂耳包”，以及用三个挂钩挂在杯子上冲泡的“三挂咖啡挂耳包”共三种 (见表 1)。为保全咖啡的风味，这三种都会使用薄膜包装，并充填防止氧化的氮气。比较主流的是“咖啡滤泡包”和“三挂咖啡挂耳包”，其中咖啡粉容量最大的“三挂咖啡挂耳包”则人气最高。

表 1

	咖啡滤泡包	双挂咖啡挂耳包	三挂咖啡挂耳包
			Drip Coffee
可充填的咖啡粉量 (以三洋产业产品为参考)	2 ~ 7g	2 ~ 8g	8 ~ 12g
主流充填粉量	5 ~ 7g	5 ~ 8g	10 ~ 12g
饮用方式	将咖啡滤泡包放入温热的咖啡杯中，注入少量热水。闷蒸约20s后，再补足热水，依照自己喜好的浓淡程度来回摇动滤泡包数次	沿虚线撕开口袋，将左右两侧的挂钩挂在杯子上。注入少量热水，闷蒸约20s后，依照自己喜好的浓淡程度分数次注入热水	将左右两侧的挂钩挂好，再将另一个挂钩也挂在杯子上，注水的方式和双挂咖啡挂耳包相同
优势	所需材料较少，与其他方式相比使用的咖啡粉量也较小，因此制作成本低于挂耳包	尺寸较小，因此制作成本低于三挂咖啡挂耳包	可以加入大量的咖啡粉。注水口较宽，便于冲泡，可以冲出非常美味的咖啡

左边的杯子上挂的是双挂咖啡挂耳包，右边的杯子上挂的是三挂咖啡挂耳包。

Q 挂耳包适合什么样的咖啡?

不存在类似于“只有这种咖啡才适合”的口味匹配问题，什么样的咖啡都可以制作成挂耳包。近来，精品咖啡盛行，品尝到突显咖啡豆个性的美味咖啡的机会越来越多，咖啡挂耳包除了满足人们的便利性需求，也进入了对美味有更高追求的时期。而且，几年前开始挂耳包的生产量已呈井喷式上涨，参与竞争的店铺也增多了。作为店铺经营方来说，或许会有控制成本的考虑，但又希望与其他店铺的挂耳包产品有一定的差异化，所以也会倾向于把自家的招牌咖啡做成咖啡挂耳包。操作简单、便利的咖啡挂耳包，今后不仅可作为人气商品来推广美味的咖啡豆，还能吸引更多的粉丝，想必会越来越受欢迎的。

另外，可以将所用咖啡豆的产地明示出来，这样顾客购买起来就会更加安心了。

Q 充填的咖啡粉量设为多少比较好?

双挂咖啡挂耳包为5~8g，三挂咖啡挂耳包为10~12g(见p.112的表1)。咖啡粉的量越大，冲泡出的咖啡就越好喝。为此，推荐可以装12g咖啡粉的三挂咖啡挂耳包，最近12g粉量的挂耳包的需求也越来越大了。

对购买咖啡挂耳包的顾客的饮用方式进行调查后，发现用马克杯的人远比用咖啡杯的人要多。咖啡杯的容量是120~150mL，马克杯的容量则是约200mL。考虑到马克杯往往需要注入更多的热水，所以还是推荐使用能够充分展现咖啡味道的12g粉量挂耳包。

■双挂咖啡挂耳包

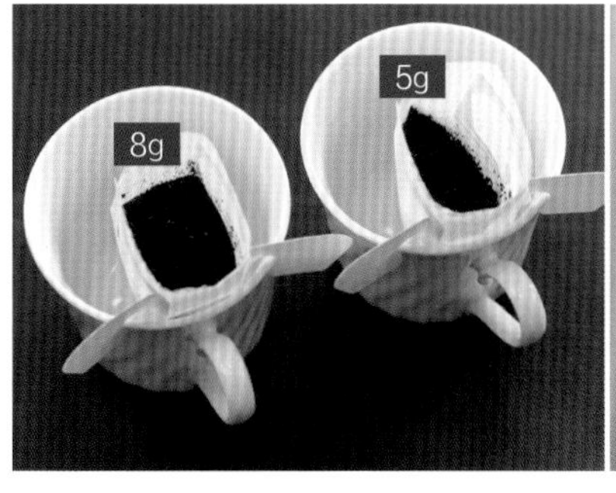

■三挂咖啡挂耳包

双挂咖啡挂耳包和三挂咖啡挂耳包的主流充填粉量的最小值和最大值的比较。虽然只是2~3g的差别，但是看起来感觉大不相同。

Q 有指定的最佳烘焙度吗?

没有所谓的最佳烘焙度，根据喜好设定烘焙度即可。

要提醒的是，赏味期限是制造日开始的1年内。虽说充填氮气确保了品质不会因时间而有大幅下降，但风味方面肯定会有所损失。若从保存方面考虑，中深至深烘焙的咖啡豆经过一段时间后味道的变化比浅烘焙的要小，风味维持得更好；另外，很多顾客也说“不喜欢酸味”，所以显然深烘焙的类型更容易受欢迎。

Q 有指定的最佳研磨度吗?

没有。配合咖啡豆和店铺的特色，一般来说与滤纸手冲时一样即可。但是，如果磨得太细，会比较容易出现涩味和杂味。

Q 开发多少款挂耳包对销售比较有利?

比起只做一款，多款商品并存，显然更便于顾客购买。比如说，烘焙度的不同，生产地的不同，早、中、晚不同的饮用定位，因此制作3种不同款式的挂耳包，对卖方来说销售方案更易制订，同时顾客的覆盖面也能更广。

Q 定制的流程是怎样的？

以下为大致流程。从下订单开始约1个月后出货。若使用本公司现有的外包装袋，则可以更早制作完成。

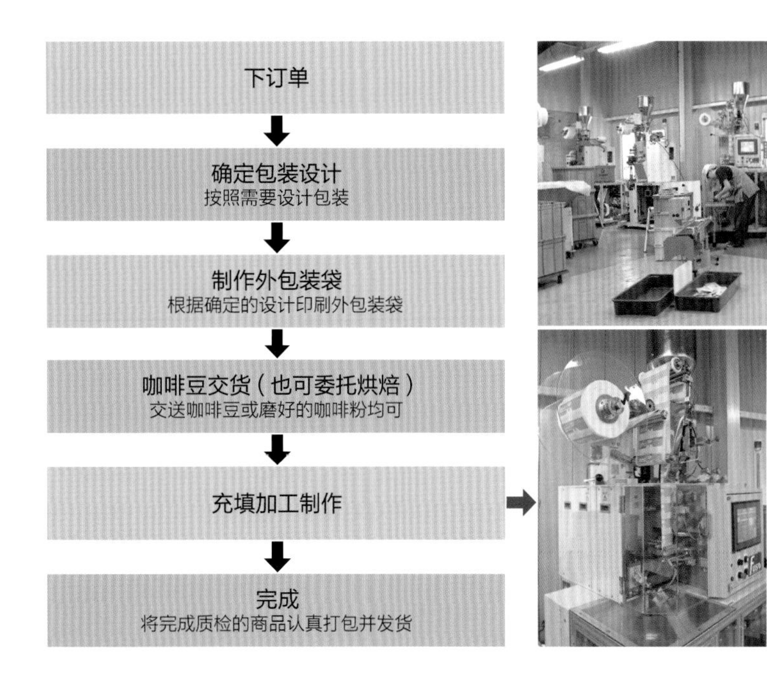

使用外包装袋包装咖啡粉并进行氮气充填的加工厂和加工机器，经过日本有机农业标准认证，努力打造安心、安全的加工环境。

Q 外包装袋的制作情况是怎样的？

外包装袋方面，可以按照原创设计制作外包装袋，也可以用本公司现有的外包装袋。

原创设计的外包装袋，正面可印店铺名、商品名、LOGO（标志）或商品图片等，背面可印商品详情和条形码等，总之可按客户的想法进行印刷。这样能更好地突出个性，店铺的形象、商品的形象都会更容易传播给顾客。如果定制的是多款商品，可以在统一的外包装上，用贴纸来区别标示商品，用这样的方式来营造系列商品也不错。

如果使用本公司现有的外包装袋（饮用方式说明在背面印刷），也可以贴上带有店铺LOGO的贴纸来突显个性。

三洋产业为了更好地满足个人店铺的需求，提供下单方便的小批量印刷定做。原创设计外包装袋可以1卷（1000m，三挂咖啡挂耳包可做约7500个）起定做，使用现有外包装袋则可以1000个起定做。

商品可以只出货所需的数额，多余的外包装袋可以留给本公司保管（免保管费）。

■ 定做原创设计外包装袋流程

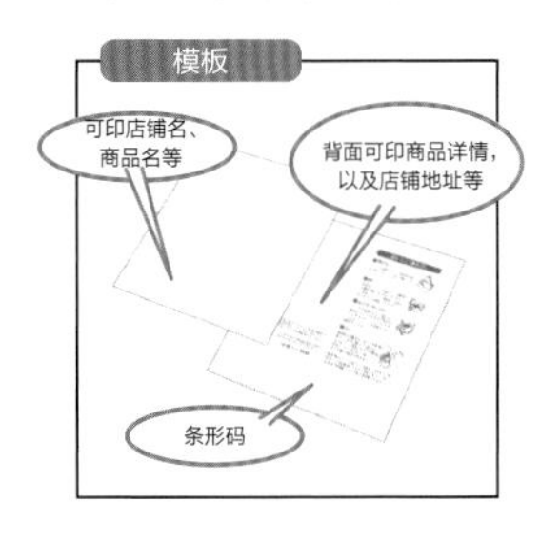

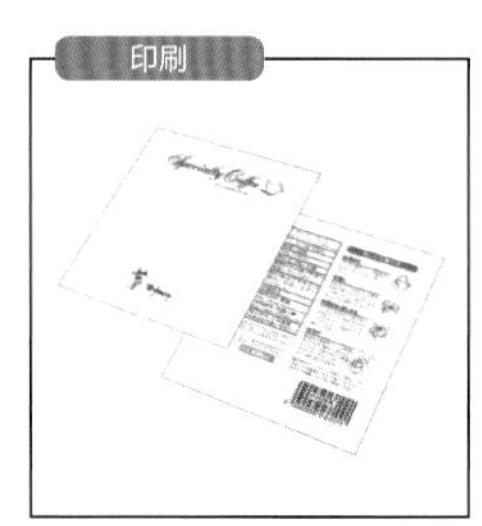

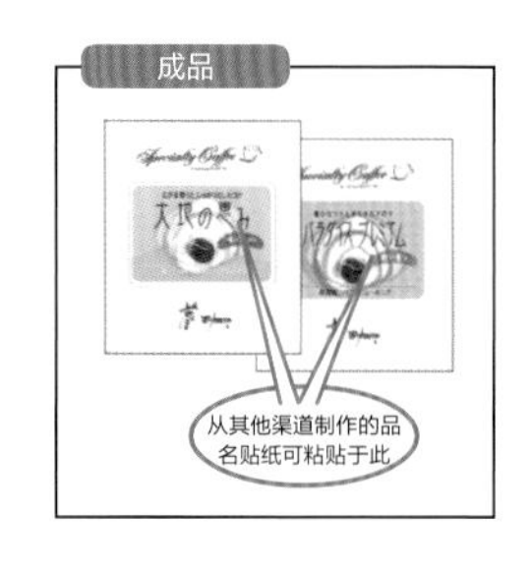

■ 本公司现有外包装袋

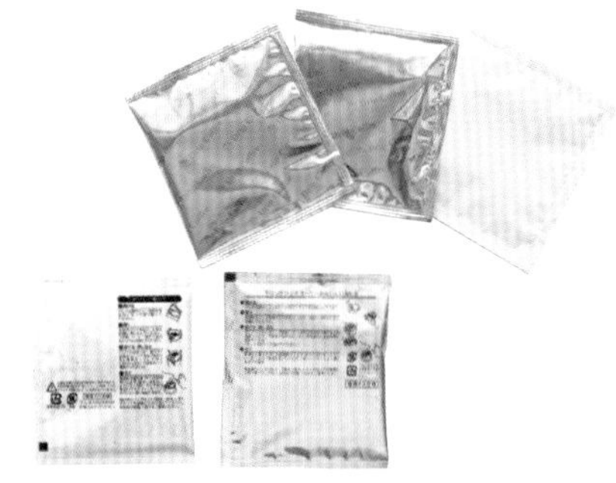

有3种现有外包装袋，最小批量可1000个起定做。背面印有饮用方式说明，可追加印字。

Q 如何才能制造出畅销的咖啡挂耳包?

本公司不仅负责制造，同时也投入精力在营销方面，从营销创意到广告制作都有实践。在此我们提供以下的建议。

选用销售单价较高的咖啡豆

比如蓝山咖啡等，这种100g就价格高到难以下手的咖啡豆，做成咖啡挂耳包后可设定为更亲和的价格来销售，会大大促进顾客的购买意愿。

选用大家都希望尝试的特色咖啡

比如无咖啡因咖啡等，“想要尝试下”“因为不会日常饮用所以想少量试试”，制造类似这样大多数人都希望尝试的商品，也是促进销售的小技巧。

三洋产业倡议的PB化的创意产品，“使用本店咖啡豆制作的挂耳包，可以自制咖啡冻”。

使用特产标志增加当地特色

独立包装的低价咖啡挂耳包，作为特产送礼的话也会颇受欢迎。想要将挂耳包打造成特产类礼物，在商品名和外包装设计上加入当地特色是关键点。

满足礼品化需求

在引入了咖啡挂耳包的店铺做调查，经常会听到“作为礼品会很好卖”这种反馈。虽然送挂耳包可以免去对送礼的对象没有萃取器具的担忧，但普通包装的挂耳包产品人们也不太愿意选择，此时礼品化的商品显然更加合适。

由于礼品的需求日益增多，打造可以直接当作礼物的商品套盒会更好销售。1000日元以内的低价商品会十分有人气，也越来越多被用来当作馈赠佳品。

根据母亲节、父亲节、敬老节、圣诞节、新年、情人节、白色情人节等不同的节日需求进行配合销售，是非常重要的，为此要有针对性地在包装上面下功夫。虽说如此，也并不是说每个节日都要有个专用的包装，比如母亲节时，可以把咖啡挂耳包装在透明包装盒里，然后附上带有“妈妈，一直以来非常感谢您”字样的卡片。另外，打造出生纪念回礼、结婚典礼赠品等时，插入个人照片的原创包装，也会大受好评。

三洋产业也在销售可以适应各种情况的礼品用包装，从简单的共用性高的透明外盒，到有可爱动物花纹的风吕敷，一应俱全。

把风味和饮用场景具象化

对于不太了解咖啡知识的人，仅仅通过产地和烘焙度之类的信息去想象具体风味，是很困难的。本公司销售的三挂咖啡挂耳包中，有一个针对职场女性的系列。这个系列以“专注力”“改变心情”“放松”“疲劳的时候”等来命名商品，将职场女性的生活模式与咖啡的风味联系起来。这样一来，对风味和饮用场景的感知就变得很简单，商品也变得更具亲和力。在店铺中实际销售时，不仅提供咖啡豆的信息，也给出“可以搭配这样的食物”“比较适合这种氛围”诸如此类具体的信息，就能让顾客更轻松地购买。

从职场女性的生活模式出发来描述风味的一个三挂咖啡挂耳包系列。

最后，咖啡豆的新鲜度其实是最重要的，因此，咖啡豆做成挂耳包后，最好尽快销售出去，这也是获取人气的秘诀。至少应以最小批量的1000个可以在一季里轻松卖完为目标，因此在引入这种便利装之前，一定要认真考量能否达到目标。商品并不是只要摆在那里就能卖出去的，认真地制订一个切实可行的销售计划，是非常重要的。

■礼品用包装

一个小小的礼物就能让人收获喜悦，最适合小礼物的小盒子及透明塑料盒。

放入照片，配合节日设计包装，就成了诙谐风趣的好礼物。

包裹住透明盒子的动物花纹的风吕敷。这样的展示方式非常吸引顾客的眼球。

手冲咖啡相关器具介绍

Kalita波纹系列 玻璃滤杯185

新概念的kalita波纹系列玻璃滤杯，不会出现味道不稳定的问题，并且便于观察注水状况，轻松简单就能做出一杯高质量的手冲咖啡。

Clean Cut磨豆机

新研发的刀刃能最大程度避免研磨偏差，研磨出的粉粗细均匀。咖啡粉颗粒大小稳定，热水就能均匀而充分地浸透，所以能萃取出更美味的咖啡。其研磨仓设计为耐脏的烟灰色。也有意式浓缩咖啡专用的特制品。

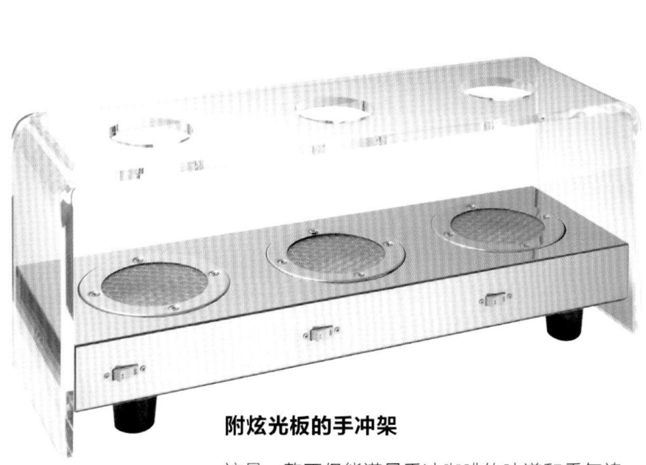

附炫光板的手冲架

这是一款不仅能满足手冲咖啡的味道和香气追求，而且能满足视觉诉求的产品。在手冲过程中，它能够为滤杯和下壶打上美丽的灯光，从而让店内的手冲表演达到最佳效果。请注意，炫光板不能作为专业加热器使用。

野田珐琅长颈手冲壶

这款野田珐琅的手冲壶以从未改变的经典设计，持续受到大家的喜爱。它保温性能优秀，手感很好，能够长期使用。容量为2700mL。

BONMAC 咖啡酿造者BM-2030

可将研磨好的咖啡豆直接萃取成一杯香气宜人的咖啡。该产品从闷蒸到萃取全程可控，能够确保萃取出味道稳定的滴滤咖啡。特别适合搭配BM-250型号磨豆机在小型店铺中使用。单相100V电压，功率910W，储水箱容量1500mL。重量6kg，尺寸为204 mm（宽）× 425.5mm（深）× 446mm（高）。附带品有水壶、圆锥形滤纸、圆锥形滤杯、下壶、接地线等，也可以用梯形滤纸、金属滤网、法兰绒滤布等代替圆锥形滤纸或滤杯来萃取。

BONMAC 磨豆机BM-250

单相100V电压，本体重量3kg，虽是小型产品但机身却很有分量感。咖啡豆仓最大容量250g，每次能研磨200g。颜色有黑色和褐色可选。这款不是意式浓缩咖啡专用磨豆机。

BONMAC 冰滴咖啡机

使用BONMAC冰滴咖啡机，毫不费力就能做出带有香气的浓醇的冰滴咖啡（也称为冷泡咖啡）。萃取库里装入咖啡粉，接下来给装入了冷水的水壶接上软管，然后关上门，按下"开始萃取"按钮即可。只需要简单的3步操作，约60min即可萃取出一杯好喝的冰滴咖啡。而且在萃取程序中，库内温度，加水速度（流量），闷蒸的加水量及时间、次数，加水的时间点，以及总的萃取时间都是可以设定的，所以可以配合店铺咖啡的具体情况而提供味道稳定的冰滴咖啡。单相100V电压，功率180/185W，重量26kg，尺寸为300mm（宽）× 530mm（深）× 690 mm（高）。

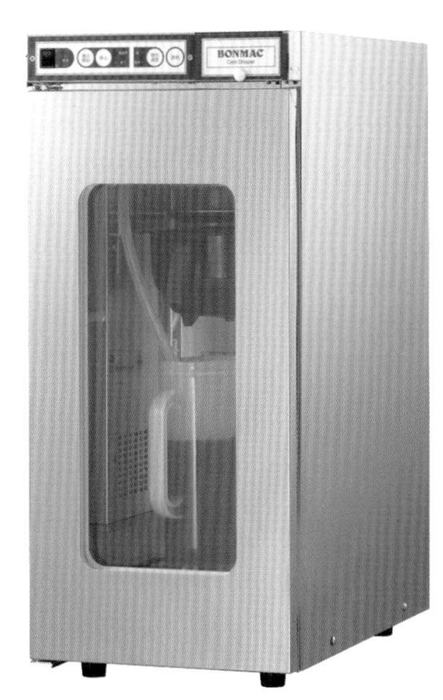

Karma 手冲架

这款手冲架可以将手冲咖啡使用的咖啡杯、滤杯等整理得美观、干净。这款架子可供同时萃取2杯手冲咖啡使用。尺寸为290mm × 300mm × 160mm。

Takahiro手冲壶

为回应咖啡专卖店的诉求而诞生的能够实现理想注水方式的手冲壶。为了能在滤杯正上方柔和而均匀地注水而研发的壶嘴，浓缩了Takahiro的技术精华。手冲壶整体都由可放心使用的SUS304材质（18-8不锈钢）制成。图中展示的是0.5L和1.5L的，另有0.9L的。

Takahiro手冲壶“色彩变奏曲”系列

这是为追求手冲咖啡的至上美味，以及探究最佳注水方式而诞生的手冲壶。由可放心使用的SUS304材质（18-8不锈钢）制成，还有多种美丽的颜色可供选择。可选颜色有金色（镀金）、青铜色（镀铜）、古铜色、黑色、紫色、蓝色和绿色。还可以刻上自己的名字。

Cafeor不锈钢网滤杯02

不用滤纸，可以直接使用的带有不锈钢网的滤杯。不锈钢网的特色就是，能将美味的咖啡油脂一起萃取出来。图中的型号是CFOD-02PC，1~4人份用。

V60手冲一体壶（drip decanter）

将圆锥形滤杯和玻璃下壶合为一体的产品。不仅具备时尚的造型和简单的滴滤方式，而且还具有滤杯可取下、注水更方便、十分容易上手等特色。玻璃本体中间较细的部分包上了黑色的硅胶隔热带，这样注水时也不会被烫伤。本体材质为耐热玻璃，隔热带材质为硅胶，滤杯材质为聚丙烯。实际容量为700mL（硅胶隔热带以下的容量，1~4人份用）。

日本滤纸滴滤及滴滤器具的变迁

咖啡是作为“过滤法”饮品传入日本的，因而与滤纸滴滤及滴滤器具之间的关系，可说是既深刻又长远的。接下来，让我们一起来追溯日本滤纸滴滤及滴滤器具的渊源吧。

咖啡顾问 **柄泽和雄**

滤纸滴滤的变迁

过滤法咖啡传入日本

19世纪中期的欧美各国，过滤法咖啡因美味又易入口而极其盛行，所以那个时期也诞生了很多相关的器具。

而在那之前的很长一段时间里，人们喝的都是土耳其式的浸泡法咖啡，即将加了咖啡粉的水煮沸后取上层清澈的液体饮用。

咖啡的起源地埃塞俄比亚，以及将咖啡发扬光大的以也门为中心的伊斯兰文化圈，饮用咖啡的历史已有约500年，直到现在依然沿用浸泡法。

另外，咖啡真正成为普及的大众饮品，在欧洲是约300年前，在美国是约200年前，在日本则是约100年前。

日本的咖啡是由欧洲和美国传入的，但后来日本在过滤法咖啡的道路上走得更远。

使用过滤袋进行萃取成为主流

日本明治时代初期，过滤法咖啡传入了被称为“茶之国”的日本。欧美的生活方式受到推崇，很多相关事物都被引入日本。咖啡也成了时髦人士的饮品，在部分人群中流行起来。

到了明治末期，饭店、咖啡馆、牛奶吧里咖啡的主流做法，就已都是过滤法了。日本人从美国、法国、德国、英国那里直接或间接地学习料理技术的同时，也学习着咖啡相关技术。也就是说，随着接触到不同的咖啡器具，也相应地学习着各种过滤法咖啡的做法。

1800年，法国的德贝卢瓦（De Belloy）设计出了附带过滤器的咖啡壶，但在日本不管是商用还是家用，都很少有人使用这种法式的咖啡壶。

1819年，英国诞生了在水壶里加入布袋的萃取器具“COFFEE BEGIN”。这种将咖啡粉和咖啡液完全分离的萃取方式，获得了日本人的接受。

1935年，巴西咖啡销售宣传部在东京银座4丁目开设了一间商品展览室，推荐了以法兰绒过滤袋萃取咖啡的方式。由此，日本就将过滤法咖啡视为理所当然了。

此外，在那之前的1912年，为普及宣传巴西咖啡而在东京银座开设的Cafe Paulista，曾大量销售过滤法咖啡，也产生了很大的影响力。

于是在日本，使用法兰绒过滤袋来萃取咖啡就成为了主流。

滤纸滴滤的商用化

这个阶段过滤法咖啡也就成了“用过滤袋做的咖啡(filtration coffee)”，过滤袋的材质以厚料的法兰绒，即棉法兰绒（flannel）为主流，通称为“法兰绒滤布”或“法兰绒过滤袋”。这种过滤袋从1人份用到50人份用，乃至100人份用，型号极为齐全。

1960年或1961年的时候，我在东京日本桥的白木屋商店里买了一个当时很珍贵的咖啡器具，那就是传说中的“纸滤杯”。

那时木村咖啡店（现在的KEY COFFEE）的卖场里有当时命名为“Kalita式过滤器”的东西在售。我第一次注意到滤纸滴滤，就是在那时候。内心中最初的想法是：“这种像小孩子的玩具一样的东西，能做出一杯让人满足的咖啡吗？”

土耳其式
用一种被称为“ibric”的长柄小锅将加了咖啡粉的水煮沸，取上层清澈的液体饮用。土耳其式咖啡也被称为“ibric咖啡”。

浸泡法
虹吸壶（塞风壶）、法式滤压壶、土耳其式、渗滤壶（Percolator）都属于浸泡法的萃取法。滤纸滴滤则属于过滤法，法兰绒滴滤、冰滴咖啡、咖啡桶（Coffee Urn）、意式浓缩咖啡也都属于过滤法。

咖啡渗滤壶
在一个有小孔的铁制壶里，装入咖啡粉后倒入水，英国的拉姆福德伯爵（Count Rumford）以此为创意制作出了渗滤壶的原型，之后巴黎的锡匠洛朗斯（Laurens）于1819年将其完善。

COFFEE BEGIN
由英国人贝让（Begin）发明。在天鹅绒布袋里装入咖啡粉，然后放入锅中，从上方注入热水完成萃取。

之所以会有这样的想法，是因为当时无论哪里的店铺，使用的都是型号各异的法兰绒过滤袋。后来，在友人家里喝咖啡时，才真正了解了这种饮用方式，在过滤器中装上3张对半折叠的日本纸，再装入咖啡粉，注入热水，就可以喝到美味的咖啡了。这种饮用方式，是由木村咖啡店已故的咖啡教室室长高岛君子前辈推动的。

1966年2月，东京新宿西口的东京调酒师学校正式设立了饮品科（即之后的东京饮品技术专门学院）。白天由现已故的高岛君子老师教授课程，晚上则是Art Coffee的负责人来教授虹吸壶和滤纸滴滤，而我则负责西式甜点和日式甜点的教学。

1967年10月，东京新桥设立了日本饮品学院。在这里我负责咖啡部门的所有课程，虹吸壶（KONO）和滤纸滴滤（Kalita）、滤纸滴滤（KONO）的相关课程都有教授。当时，作为学院标杆的现已故的小熊辰夫院长考虑到“与大型店铺和连锁店相对应，个人店铺及独立店铺从此之后将逐渐增加”，所以咖啡教学就以虹吸壶和滤纸滴滤为中心。

随后，就如小熊辰夫院长所料，类似“父母店”这样个人经营的咖啡店暴增。虹吸壶和滤纸滴滤器具都成了咖啡店里必不可少的器具。

而当时，批发咖啡豆的烘焙商们却没有使用过虹吸壶或滤纸滴滤器具。我还记得当时我向他们讲述关于未来的展望，他们才勉强开始接受这些器具，那已经是四五十年前的事情了。

1971年，我与以“100种咖啡”为口号而闻名的咖啡专卖店POEM有过一次对话。

POEM当时继东京阿佐谷之后又在高井户开了2号店。他们计划使用Melitta的滤纸滴滤器具开办连锁店。

然而，我却自顾自热情地讲了诸多关于虹吸壶的溢美之词，本来兴致高昂的店员们不免有些扫兴，已故的创业者山内丰之社长当时倒是并未因我的话而冷淡我。山内丰之先生成立了日本第一家咖啡专卖加盟连锁店，作为加盟连锁经营协会的头号人物，他是个有先见之明的人。

在日本，Kalita品牌在1970年前后在商用及家用领域迅速普及开来。商用方面，虹吸咖啡店和Kalita滤纸滴滤咖啡店则是并驾齐驱、共同发展。

使用操作时华丽感和速度感十足的虹吸壶制作咖啡的店，以及使用如法兰绒滴滤般慢工出细活的滤纸滴滤制作咖啡的店，二者有一个共同点，就是都可以在客人面前展现咖啡制作的过程。

1965~1975年的这段时间，我想算是如今以滤纸滴滤闻名的日本代表性自家烘焙咖啡店Cafe Bach的试错时期。1975之后，Cafe Bach才真正地成为一家名店。

在日本，虽然是Kalita品牌最先盛行，但之后登场的Melitta品牌其实拥有更悠久的历史。Melitta品牌于1908年在德国设立了公司，是船底形（我个人喜欢这么表述）咖啡滤杯的元祖。

如此一来，咖啡店逐渐分成了Melitta派和Kalita派，之后又出现了KONO、Hario、三洋产业等各派别，孰好孰坏也是众说纷纭。

另外，在美国家庭中玻璃萃取器具和滤纸的组合受到了广泛青睐。其中CHEMEX公司的产品十分有名，所以一般就直接将其称为“CHEMEX”。它在1941年被纽约的近代美术馆永久收藏，因其有魅力的曲线而闻名。它的滤杯和下壶由一体成型的玻璃制成，中间部分装了一个木套以方便手持。

三十多年前，我在美国旧金山一个家庭中第一次见到“CHEMEX”，之后很快就处处可见它的身影。美国人注水的方式比较粗犷，就像瞅准时机直接把水灌在咖啡粉上一样。我这样慢慢地让水柱细细地浇上去的方式，他们看到之后就会哈哈大笑地说“日本人真是好有趣啊”。

如今西雅图、纽约的人气咖啡店也在使用“CHEMEX”，而那种曾被笑话的萃取方式居然现在也被采用了。时代真是不同了。

滤纸滴滤咖啡专卖店

时光轮转，虹吸咖啡专卖店日渐衰退的同时，约从1980年起，滤纸滴滤咖啡专卖店开始在日本备受瞩目。

“小资本、小规模、独立开业”“以住宅区为背景选择店址”等，自由职业、转行、兼职均可，这是一个集合了种种开咖啡馆的有利条件的时代。

于是，怀有“开一个自家烘焙咖啡店”梦想的人越来越多了。不同于用滴滤咖啡机或者循环式法兰绒滴滤器具萃取50~100人份咖啡的大型自家烘焙咖啡店，小型的自家烘焙店（3~5kg烘豆机）以“一杯一杯萃取”为特色。

Kalita
Kalita株式会社。1958年在东京日本桥创业。

KONO
日本咖啡syphon株式会社销售的咖啡器具品牌。该公司于1925年创立。第一代社长河野彬设计了玻璃制的咖啡器具“河野式咖啡syphon”。“KONO”一度成了“syphon”的代名词。1973年发售了圆锥形滤杯，以“KONO式”之名而广为人知。

Hario
2005年9月发售了圆锥形滤杯。

三洋产业
1973年总公司在大分县别府市成立。根据滤杯型号的不同，有1孔式、2孔式、3孔式等，孔数变化是其特征。

用法兰绒滤布一杯一杯萃取的店铺，已经是一种前辈级别的存在了。很多新开的店铺，则在努力钻研着滤纸滴滤技术。

最重要的是，当时非速溶的冲泡咖啡在普通家庭中逐渐普及，这也推动了滤纸滴滤的发展。有越来越多的人开始习惯于在家里正儿八经地享受一杯咖啡，而这些咖啡大多是以滤纸滴滤或家用咖啡机来冲泡的。于是，20世纪80年代的咖啡专卖店，八成都在钻研滴滤的技法。

咖啡专卖店和一般家庭一样用滤纸滴滤来萃取，但又能做出和家里不一样的美味，在那个时代，好的滴滤技术就是咖啡专卖店的头号招牌。

滴滤器具的变迁

滴滤咖啡机的诞生

滴滤咖啡机（drip machine），英文又称为“coffee brewer”，不同的制造商会使用不同的英文名字。日本很早就开始就使用“drip machine”这个名字，即“drip coffee machine”的简称。

说起滴滤咖啡机的起源，就不得不提到美国了。美国现在依然以“coffee maker”或“coffee brewer”来称呼滴滤咖啡机，而“drip machine”这个词确实有日式英语之嫌。

19世纪80年代，随着电力在欧美发达国家的广泛应用，新的产品不断涌现。美国伟大的发明家爱迪生发明了电动咖啡机。虽然发明年份并不明确，但鉴于爱迪生发明创造的高峰期在1879~1885年，所以电动咖啡机也被认为是在那个时期诞生的，爱迪生到底是不是第一个发明电动咖啡机的人，这一点其实已经无从考证了。

咖啡萃取器具的机械化，可追溯到19世纪40年代。在那之前，咖啡都是将“火力”“热水”“咖啡粉”与“过滤”这一手工作业相结合来进行萃取的。到了19世纪40年代，利用蒸汽压力萃取的虹吸壶和渗滤壶开始登场。在那之后，电力时代就到来了。

最早使用电力的咖啡器具是电动磨豆机，在纽约诞生。

滴滤咖啡机的前身咖啡桶，于1881年在美国诞生，之后的2~3年间，在德国、英国和法国也相继出现了改良机型。

1904年，电动的渗滤壶在美国诞生。

1905年，电动的咖啡桶诞生。电动的渗滤壶在一般家庭中普及，而电动的咖啡桶则在大型商业场合中普及。

1944年，使用圆形平面滤纸的滴滤咖啡机在瑞士诞生。

1945年左右，玻璃壶型滴滤咖啡机在美国出现。

1958年，使用滤纸的滴滤咖啡机在德国诞生。

1968年，家庭用滤纸滴滤咖啡机在荷兰发售。

电动咖啡机发展到现在，决定咖啡的因素已转变为烘焙、混豆、萃取，对味道和新鲜度的要求也已发生改变。电动咖啡机的过滤器，也有了法兰绒、金属网、陶瓷、滤纸等多种多样的选择。

手动式咖啡桶登场

在谈论滴滤咖啡机在日本的登场时，必须先讲讲手动式咖啡桶在日本的登场。

1913年开始大幅扩张的Cafe Paulista，在全国20余家分店使用咖啡桶，1d就能提供4000杯咖啡，简直就是大量萃取、大量销售的咖啡店的鼻祖。

接下来是牛奶吧登场的时期，咖啡桶更成了必备品。

不到$20m^2$的牛奶吧，1d可以卖出1000杯咖啡，我想那令人吃惊的火爆场面，没有亲身体验的人或许是很难理解的。这一时期的饭店也开始引入咖啡桶。关于咖啡桶的使用，那时人们比较依赖从美国传来的说明和指导。

从美国传入日本的不仅仅是机器、餐具，连画着制服的招牌和标志都会模仿美国的设计。当时的咖啡制作中心的冲泡指导如下：

【咖啡 45人份】

●咖啡粉（稍粗研磨）450g

●热水 9375mL，1人份约208mL

●萃取量7500mL，1人份约167mL

但因为日本的咖啡杯容量约为120mL，所以若按照这个指导，冲出的不是45人份而是约63人份了。后来1人份的咖啡粉调整为约8g，这也逐渐成为日本的美式咖啡的粉量基准值。

滤纸滴滤咖啡专卖店

1972年，咖啡专卖店业务开始扩大。

1980年，Doutor Coffee Shop的1号店在原宿开业。混合咖啡150日元，不设坐席，被称为“站着喝的咖啡店”。

1982年，咖啡吧热潮兴起。

1987年，炭火咖啡引领风潮。

虹吸壶（vacuum pot）

苏格兰造船技师罗伯特·内皮尔（Robert Napier）制作出了原型，在法国进化成了现在的形态。虹吸壶也被称为赛风壶（syphon）。

咖啡桶（coffee urn）

18世纪中期开始在荷兰和德国的家庭中就经常使用一种台座上装配有水龙头的桶。手动式的咖啡桶，是将装好咖啡粉的法兰绒滤布装入桶中，然后从上方注入热水。桶外侧事先倒入热水起到保温作用，所以只要一拧开水龙头，就能流出来热乎乎的咖啡。

玻璃壶型滴滤咖啡机登场

20世纪40年代的美国，大家都在期盼着能有一款玻璃制的咖啡器具，于是结合了玻璃壶和滤纸的器具就应运而生了。

到了20世纪50年代，大型玻璃壶（1次的萃取量能达到1500～2000mL）出现了。在被称作“American fifties”的强盛时期，美国电影中出现了大型汽车卡迪拉克和餐车，以及美式咖啡店。电影里机器萃取出的咖啡装入玻璃壶，再倒入咖啡杯的场景，至今让我念念不忘。

20世纪50年代，电动滴滤咖啡机也进入了日本，它们最初出现在美国驻军的军营中。军营中开设了与美国相同的咖啡店，后厨里放置了电动滴滤咖啡机。

电动滴滤咖啡机正式进入日本，则始于1962年。

考虑到东京奥林匹克运动会（1964年）可能带来的商机，东京掀起了一波酒店改建热潮，与之相应，帝国饭店、帕里斯酒店等名门酒店内的咖啡店，为了迎合外国人的使用习惯大多也都进行了翻新。这些咖啡店提供的咖啡，就是用美国制造的玻璃壶型滴滤咖啡机冲泡的。

由于在那之前用的都是咖啡桶，更换为电动咖啡机后，就需要结合新机器重新摸索进行风味调整，这也是十分艰辛的过程。这些店家只能和咖啡豆烘焙师一起，在咖啡的烘焙度、研磨度、粉量等问题上进行深入交流和探索。因为在那个除了渡船再无其他交通手段的年代，真正去过美式咖啡店的人实在是太少了。

接下来，以东京奥林匹克运动会为契机，大量的咖啡机进入了酒店、餐厅及结婚会场。而小咖啡馆却极少有引进，当时的咖啡豆烘焙师大多也并没有专门针对这些咖啡机来处理咖啡豆。

但是，有一家咖啡馆早早地引进了咖啡机，那就是在东京日本桥人形町的快生轩。快生轩创立于1919年8月8日。第三代创业人佐藤方彦先生通过西洋餐具店，从美国大使馆入手了一台咖啡机，那是在爱迪生诞辰100周年纪念时生产的爱迪生爱用的咖啡机型的复刻版产品。这款机器电压110V，功率350W，可以制作3人份咖啡，过滤器是金属网。咖啡粉如果过细会堵塞网眼，所以要使用粗研磨。快生轩还曾在官方主页上专门介绍过这款机器。

就这样，手动式咖啡桶之后，注水式咖啡桶、自动式咖啡桶也相继诞生，而之后的玻璃壶型滴滤咖啡机也开发了注水式和自动式两种产品。

除此之外，也开发了既可大量萃取又能只萃取1人份咖啡的机型，萃取后保存到保温壶中、不用加热也能保持咖啡风味的机型，拥有意式浓缩咖啡和滴滤咖啡双重功能的机型，以及冰滴咖啡专用的咖啡机等，直到今天滴滤咖啡机仍在持续进化中。

牛奶吧

1897年前后，在东京神田周边出现了大量的牛奶吧，为普通民众提供小吃、咖啡及其他饮品，让人觉得十分亲切。而当时真正的咖啡馆（cafe）则专门配有女性服务员来接待客人，咖啡价格也相对较高。

美式咖啡店（coffee shop）

在日本被称为“家庭餐馆（family restaurant）”的就是美式咖啡店。在星巴克开店前，美国并没有这种只经营咖啡的店铺，一般都是可以同时用餐和喝咖啡的美式咖啡店。

ドリップコーヒーの最新技術
Copyright © 2012 ASAHIYA PUBLISHING CO., LTD.
Original Japanese edition published by ASAHIYA PUBLISHING CO., LTD.
Simplified Chinese translation rights arranged with ASAHIYA PUBLISHING CO., LTD.
through LEE's Literary Agency, Taiwan
Simplified Chinese translation rights © 2018 by Henan Science & Technology Press

版权所有，翻印必究
备案号：豫著许可备字-2016-A-0316

图书在版编目（CIP）数据

名店手冲咖啡图典：日本23位名店职人亲授42杯招牌咖啡/日本旭屋出版编；谭尔玉译.—郑州：河南科学技术出版社，2018.1（2018.8重印）
ISBN 978-7-5349-8853-0

Ⅰ.①名… Ⅱ.①日… ②谭… Ⅲ.①咖啡—配制 Ⅳ.①TS273.4

中国版本图书馆CIP数据核字（2017）第172823号

出版发行：河南科学技术出版社
地址：郑州市经五路66号　　邮编：450002
电话：（0371）65737028　65788613
网址：www.hnstp.cn
策划编辑：李迎辉
责任编辑：李迎辉
责任校对：王晓红
封面设计：张　伟
责任印制：张艳芳
印　　刷：河南瑞之光印刷股份有限公司
经　　销：全国新华书店
幅面尺寸：207 mm × 280 mm　　印张：8　　字数：253千字
版　　次：2018年1月第1版　　2018年8月第2次印刷
定　　价：68.00元

如发现印、装质量问题，影响阅读，请与出版社联系并调换。

舞麦！天然酵母窑烤面包名店的12堂“原味”必修课

有态度的偏执面包师，致力于寻找自然原味的感动，将自己数年来在全谷物天然酵母面包及柴烧窑烤等方面的研究和心得全盘托出，汇聚为12堂“原味”必修课。

完美牛排烹饪全书：大师级美味关键的一切秘密

远不止于食谱！锅具、刀具、食材、烹饪原理…… 公开关于主厨级完美牛排的一切秘密。

多谢款待：日本宴席料理及餐桌美学名师的15桌派对家宴

佐藤纪子女士设计出包含近100道料理的15桌家宴，从整体食单策划、食谱制作步骤，到料理造型设计、餐桌搭配创意、气氛营造技巧，图文详解如何打造完美家宴。

小“食”光：101份咖啡馆人气餐点，家中的悠闲小食时光

la cuisine 不断以新的视角推动饮食文化和烹饪技艺的新趋势，多年积累推出的第一本咖啡馆风格小食食谱。

小“食”光．101份无国界咖啡馆招牌餐品，家中的65桌蛋主题轻食时光

la cuisine 不断以新的视角推动饮食文化和烹饪技艺的新趋势，呈上全新创意的蛋主题餐桌方案。

小“食”光．101份无国界咖啡馆招牌餐品，家中的65桌肉主题轻食时光

la cuisine 不断以新的视角推动饮食文化和烹饪技艺的新趋势，呈上全新创意的肉主题餐桌方案。

一碗

精通日、韩及西式料理的专业料理设计师May，为你呈现独特个人风格的日式家庭味。“技术任谁都可以模仿，唯有感觉是学习不来的。”

笠原将弘的上品便当

预约也一座难求的日本大热名店“赞否两论”的主厨，以顶级料理职人的究极精神，教普通人轻松做出名师级的日式便当。

笠原将弘的上品暖锅

预约也一座难求的日本大热名店“赞否两论”的主厨，以顶级料理职人的究极精神，教普通人轻松做出名师级的日式火锅。

梦想咖啡人：“不只是职业，更是梦想和生活！”14× 日本精品咖啡传奇职人的美梦成真之道

店主、咖啡师、烘豆师、线上品牌原创者等 14 组日本精品咖啡传奇职人，“以一种柔韧、自由的姿态，开拓出与咖啡一起幸福生活的个人道路”。

蓝带甜点师的纯手工果酱

一定要做出连不吃果酱的人都想吃的果酱，法国蓝带厨艺学院认证甜点师的执念处女作。

无黄油，蒸简单！ 1只锅的完美蛋糕全书

电饭锅、蒸锅、汤锅或平底锅，1 只锅做 95 款每天吃也不会腻的低热量美味蛋糕和甜品。

四季的幸福烘焙

跟随自己对四季的美妙感受，Mayo 将艺术感性与烘焙技艺完美结合，设计出 77 个幸福感满溢的独特配方。

微笑的戚风蛋糕

曾获“世界美食图书大奖”的韩国麒麟出版社，带来极简装饰风名店戚风蛋糕，从眼到口都让你满足到微笑。

城市农夫有块田

在城市归农运动中找寻幸福生活之路，韩国设计师李鹤浚的乡间耕食生活。

花艺秘谱：美国新锐花艺工作室自然风插花 106

有“谱”可循，快速掌握花艺秘诀，重现大自然之美。106 种体现“自然感”“狂野之美”“雕塑般精妙”创意风格的插花设计，近 500 张彩图，《纽约时报》及 *KINFOLK* 创刊编辑力荐的自然风花艺的经典著作。

玩苔藓：六大名师教你手制苔藓球和苔藓小景

日本专业园艺出版社联手六大园艺名师打造的苔藓养护及赏玩入门基础事典。

多肉女王的花园：多肉养护及设计精要事典

被美国媒体誉为“Queen of Succulents”的德布拉，以园艺设计师、园艺摄影记者、园丁的多重视角，传达兼顾艺术性和实用性的审美，传授多肉养护及设计的专业经验。约 350 张实景图片，呈现充满生命力的多肉之美。